国家林业和草原局普通高等教育"十四五"规划教材

# 普通化学实验

## （第2版）

贾临芳　梁　丹　主编

中国林业出版社

China Forestry Publishing House

## 内 容 简 介

本教材共分为 9 个部分：绪论、化学实验基本知识与技术、普通化学实验常用仪器与方法、实验数据处理、基础性实验、综合性实验、设计性实验、趣味实验、英文实验示例。本教材内容丰富、实验形式多样，注重学生基础知识、基本技能的理解和掌握，加强创新精神和实践能力的培养，使学生学会融会贯通，提升学生全面、深入地理解和运用知识的能力。

本教材可供农、林、水等相关高等院校各专业本科生使用，也可供其他高等院校及农林科技工作者参考。

### 图书在版编目（CIP）数据

普通化学实验 / 贾临芳，梁丹主编. —2 版. —北京：中国林业出版社，2024.2

国家林业和草原局普通高等教育"十四五"规划教材

ISBN 978-7-5219-2629-3

Ⅰ.①普… Ⅱ.①贾… ②梁… Ⅲ.①普通化学−化学实验−高等学校−教材 Ⅳ.①O6-3

中国国家版本馆 CIP 数据核字（2024）第 038827 号

策划编辑：高红岩　李树梅
责任编辑：李树梅
责任校对：苏　梅
封面设计：睿思视界视觉设计

出版发行　中国林业出版社

（100009，北京市西城区刘海胡同 7 号，电话 83223120）

电子邮箱：cfphzbs@163.com
网　　址：www.forestry.gov.cn/lycb.html
印　　刷：北京中科印刷有限公司
版　　次：2016 年 6 月第 1 版（共印 3 次）
　　　　　2024 年 2 月第 2 版
印　　次：2024 年 2 月第 1 次印刷
开　　本：787mm×1092mm　1/16
印　　张：10
字　　数：200 千字
定　　价：35.00 元

数字资源

# 《普通化学实验》(第2版)
# 编写人员

主　　编　贾临芳　梁　丹

副 主 编　贾俊仙　曲江兰　魏朝俊　于宝义

编　　者　(按姓氏拼音排序)
　　　　　高　娃（北京农学院）
　　　　　郭晓迪（山西农业大学）
　　　　　贾俊仙（山西农业大学）
　　　　　贾临芳（北京农学院）
　　　　　孔　洁（廊坊师范学院）
　　　　　李俊莉（曲靖师范学院）
　　　　　梁　丹（北京农学院）
　　　　　刘春晓（北京农学院）
　　　　　曲江兰（北京农学院）
　　　　　魏朝俊（北京农学院）
　　　　　吴昆明（北京农学院）
　　　　　尹　琦（云南师范大学）
　　　　　于宝义（北京农学院）
　　　　　张素玲（廊坊师范学院）
　　　　　赵汗青（北京农学院）
　　　　　赵文婷（北京农学院）
　　　　　朱　洪（北京农学院）

主　　审　赵建庄（北京农学院）

# 前 言（第2版）

本教材是在第1版《普通化学实验》基础上修订而成。自上一版出版以来，得到众多同行的关心与支持，编者根据多年来教材的使用反馈情况，对本教材内容进行研讨、修订。

本教材以"全面贯彻党的教育方针，落实立德树人根本任务，培养德智体美劳全面发展的社会主义建设者和接班人"为宗旨编写。

本版教材为国家林业和草原局普通高等教育"十四五"规划教材。与上一版相比，本教材主要在以下几方面进行了修订。

1. 增加教材配套数字资源

随着教育信息化的不断发展，结合普通化学实验教材特点，融入编者多年教学经验及相关研究成果，将传统纸质教材的电子版文档加工成PPT，通过网络介质传播，其内容全面、充实、完整，信息量大，教学方式不变，但更新快，反映教学成果的及时性、学科内容的先进性等方面得到提升，适当引入实验相关的图形图像、视频等多媒体素材，强化表现形式与效果，引导学生阅读和练习，力求做到简明扼要，重点鲜明，图文并茂，理论与实践相结合。

2. 引入新的研究成果和方法

本教材适当参考了部分近年来优秀教材对相关实验内容的最新论证和表述，加强了实验的可操作性，修正了不具时效性的内容，更加切合新时代学生发展实际，更加符合教育教学培养目标要求，提高学生人文和科学素养。例如，在化学反应速率与活化能的测定实验中，结合教育教学改革研究成果，对实验内容进行了适当改动；增加了新的章节——实验数据处理；在第2章普通化学实验常用仪器与方法中增加了移液枪、电加热板等实验仪器的使用方法介绍。此外，增加了思考题参考答案、整合了实验内容、适当调整了部分内容顺序，使结构更加合理和完整。

3. 突出体现课程思政

本教材注重实验室安全教育，不仅编写了实验室安全守则和实验室意外事故及处理，还增加了实验室安全承诺书，加强对学生安全及环保意识的培养。与传统实验教材相比，本教材对实验试剂用量及方法进行了改进，减少了废液的产生，培养学生绿色化学思维，树立生态文明建设意识和传递人类社会绿色发展理念。

参加本教材编写工作的有：北京农学院贾临芳、梁丹、曲江兰、魏朝俊、于宝义、吴昆明、赵汗青、朱洪、赵文婷、高娃、刘春晓，山西农业大学贾俊仙、郭晓迪，云南师范大学尹琦，曲靖师范学院李俊莉，廊坊师范学院孔洁、张素玲。全书由贾临芳、梁丹统稿、定稿。

本教材由北京农学院赵建庄教授审定。在本教材的出版过程中得到了中国林业出版社高红岩和李树梅两位编辑、北京农学院、山西农业大学、云南师范大学、曲靖师范学院、廊坊师范学院领导和同行们的大力支持与帮助，在此表示衷心的感谢！

本教材在编写过程中参阅了一些实验教材，在此对相关书籍的作者表示感谢。由于编者水平有限，书中错误和不妥之处在所难免，恳请有关专家和广大读者批评指正。

编　者

2023 年 6 月

# 前　言（第1版）

　　本教材根据编者多年积累的普通化学实验课教学经验，同时借鉴了国内同类实验教材的优点精心编写而成，共分为7个部分：化学实验基本知识与技术、普通化学实验常用仪器与方法、基础性实验、综合性实验、设计性实验、趣味实验、英文实验示例。本教材内容丰富、实验形式多样，使得学生在掌握普通化学基础知识的同时，学会融会贯通，注重学生基本技能的掌握和综合运用知识能力的培养。本教材内容全面、结构合理。在编写过程中，力图突出以下几个特点：

　　（1）注重基本操作技能的训练，书中对普通化学实验基本操作技术、常用仪器的使用等内容作了详尽的说明，并配有表格和插图，便于学生有步骤、有目的的学习。

　　（2）培养学生独立进行实验、组织和设计实验的能力。本书由浅入深，在基础性实验基础上编排了综合性和设计性实验，使学生在实验学习的同时提高独立思维能力和科学研究能力。

　　（3）培养学生进行化学实验的兴趣。书中精选了与生活相关的趣味实验内容，让学生不但了解了化学与生活的关系，更极大地增加了学生学习化学的兴趣。

　　本教材的编写分工如下：绪论由北京农学院的贾临芳老师编写；第1章由北京农学院的梁丹（一至七）、朱洪（八至十）老师编写；第2章由北京农学院的贾临芳（一、五）、赵汗青（二、三）、魏朝俊（四）老师编写；第3章由北京农学院的贾临芳（实验1、5、10）、梁丹（实验3）、曲江兰（实验11、12）、朱洪（实验4）、吴昆明（实验2）以及山西农业大学的贾俊仙（实验6、8、9）、程作慧（实验7）老师编写；第4章由山西农业大学的程作慧（实验14）和北京农学院的梁丹（实验13）、魏朝俊（实验15）老师编写；第5章由北京农学院的梁丹（实验16）、魏朝俊（实验17）、山西农业大学的陈红兵（实验18~20）老师编写；第6章由北京农学院的贾临芳（实验21）、赵文婷（实验22、25）、梁丹（实验23、24、26）老师编写；第7章由北京农学院曲江兰老师编写；附录由北京农学院参加本教材编写的老师整理。全书由主编、副主编修改、统稿，由北京农学院的赵建庄教授主审。

　　本教材在编写过程中参阅了一些实验教材，在此对相关书籍的作者表示感谢，同时对编者所在学校的领导以及中国林业出版社编辑的支持表示感谢。由于编者水平有限，书中错误和不妥之处在所难免，恳请有关专家和广大读者批评指正。

编　者

2016 年 3 月

# 目　录

## 第二章　普通化学实验常用仪器与方法

## 第三章　实验数据处理

## 第四章　基础性实验

# 第五章　综合性实验

# 第六章　设计性实验

# 第七章　趣味实验

# 第八章　英文实验示例

# 附 录

# 绪　论

## 一、普通化学实验的目的和要求

化学是面向农林院校多个专业学生开设的一类重要公共基础课，普通化学是大学一年级学生学习的第一门化学课，是后续有机化学、分析化学、物理化学、生物化学、食品化学、土壤化学和环境化学等课程的基础，是基础中的基础，在现代农林人才的培养过程中占有非常重要的地位。普通化学实验是普通化学课程重要的组成部分，开设普通化学实验可以加深学生对普通化学基本理论的理解和掌握。

普通化学实验教学的目的：

(1)培养学生掌握普通化学实验的基本方法和操作技能。这一点至关重要。只有正确的操作，才能得到准确的实验数据和有效的实验结论，才能为以后学习其他各科实验以及从事实验类工作打下良好的基础。

(2)通过实验获得直观感知，帮助学生加深对课堂讲授的基本理论和基础知识的理解。

(3)培养学生独立思考和独立进行实验的能力，养成细致观察和认真记录实验现象的习惯，以及提高正确处理实验数据和书写实验报告的能力。

(4)树立实事求是的科学态度，掌握科学的逻辑思维方法。

(5)在实验中逐步培养学生细致、整洁、有条不紊地进行科学实验的良好习惯，形成互帮互助、团结协作的优良学风。

为了达到以上目的，普通化学实验教学提出以下要求：

(1)强调实验室安全的重要性，熟悉化学实验室的安全守则并自觉遵守。

(2)严格按照实验步骤要求进行实验。

(3)强调实验操作细节的重要性，熟悉基本化学仪器的正确操作和使用。要求教师和学生对实验操作的细节一丝不苟地进行练习，不怕麻烦，不图省事，勤学苦练。

(4)认真观察实验现象，准确记录和分析实验数据；对实验中的反常现象，认真分析，查找原因，不轻言放弃。

(5)要求学生每次实验后，将药品和清洗干净的实验器材放回原位，清洁实验台面，经教师确认后，方可离开。

(6)教师每次实验安排值日生轮流打扫实验室，并协助任课教师检查水、电、门、窗，确认无误后，才可离开实验室。

## 二、普通化学实验的学习方法

普通化学实验同其他科学实验一样，需要遵循一定的实验方法。

**1. 预习**

预习是做好实验的前提。预习要求在实验前进行。具体要求为通读实验教材，明确实验目的和要求，理解实验的基本原理和方法，弄清实验的内容、步骤及注意事项等。

**2. 教师讲解**

在预习的基础上，教师讲解实验的过程、强调注意的细节和实验的注意事项等内容，并组织讨论和解答学生预习时的疑问。

**3. 实验**

在一切准备就绪后方可进行实验。要求每位同学珍惜实验的动手机会，独立完成要求的内容。按照正确的操作方法使用各种实验仪器，认真操作、细心观察，如实记录实验过程和实验现象，遇到问题积极思考、寻求解决办法，或者请教师协助解决。实验结束时，请教师确认结果是否合理，是否需要重复，直到达到要求为止。

**4. 完成实验报告**

实验报告是实验的总结，是反映学生实验水平和对数据分析处理是否到位的重要依据。每次实验结束后，学生应按照教师要求及时完成实验报告，并按时交给教师评阅。实验报告要求书写整洁、记录真实、图表清晰、结论明确，不允许随意涂改数据和相互抄袭。

## 三、普通化学实验成绩的评定

教师根据学生每次实验预习、实验基本操作、实验报告的完成质量、数据记录和处理，以及实验过程中表现的综合水平、科学态度和科学素养等方面最终评定成绩。

## 四、实验报告的格式

一般的实验报告应包括以下内容：

(1)实验题目、实验日期、实验者的年级、专业、班级、姓名及实验指导教师等内容，如实验为合作完成的，还需注明合作者姓名。

(2)实验的目的和原理：简明扼要地说明实验的原理，并写出主要反应方程式。

(3)实验的内容和步骤：要求学生详细地描述实验的过程，如称量多少的药品、加多少的溶剂等内容都需要有明确的数据。实验步骤尽量采用框图、表格等形式，简单清晰地表明实验内容和步骤。实验中重要的装置图也要在这个环节呈现。

（4）实验现象和数据记录：在实验步骤相对应表格位置填写实验现象和实验数据。要与实验记录本上的现象和数据相同，不允许主观臆造和抄袭他人的实验结果。

（5）现象解释和实验数据的处理：在实验现象对应表格位置填写现象的解释内容，写出反应方程式。实验数据处理如果比较简便，可在相应表格中完成；若比较复杂，可以在实验框图后面补充实验数据的处理过程，并将结论性数据填入表格中。

（6）实验讨论和思考题：对实验中遇到的问题和实验的思考题认真讨论，从中得出有益的收获和结论。

## 五、实验室安全承诺书

实验室安全关乎校园安全、关乎每个人的人身安全，维护实验室安全是每个人的责任。为维护实验室安全，确保实验教学规范有序开展，承诺如下：

（1）树立"安全第一，预防为主"的思想，认真学习和遵守学校各项安全管理规章制度。

（2）实验课前必须预习实验指导书并穿好实验服，不得穿拖鞋、高跟鞋、背心、背带裙、超短裙和短裤等进入实验室。准时到达实验室后，接受实验教师点名及实验预习情况的检查和提问。

（3）实验课中不得扎堆闲聊、玩手机、大声喧哗、打闹。实验室内严禁吸烟、饮食。

（4）实验时，必须遵守实验操作规程、安全警示和教师的提醒。实验操作时要胆大心细，取用和处理易燃、易爆化学试剂、强酸强碱等腐蚀性化学试剂要小心谨慎，不可随意加大化学试剂的用量；有刺激性或有毒气体的实验，应在通风橱内进行；嗅闻气体时，用手轻拂气体，把少量气体扇向自己再闻，不能将鼻孔直接对着瓶口。

（5）实验时应仔细观察实验现象，如实做好实验记录，不得随意篡改实验数据。

（6）学生未经允许不得把实验室中的任何物品带出实验室，一经发现私自带出物品者，将按学校有关规定处理。

（7）实验完毕后，应清点各自的实验台、试剂材料等，将实验物品摆放整齐，并配合实验室教师做好实验室的安全、卫生、整洁等工作，关闭水、电、气等阀门后离开实验室。

（8）实验时若发生安全事故，需立即向实验教师报告，并进行规范处理。

承诺人：＿＿＿＿＿＿＿

# 第一章　化学实验基本知识与技术

## 一、实验室安全守则

化学实验室中很多试剂易燃、易爆，具有腐蚀性或毒性，存在着不安全因素，所以进行化学实验时，必须重视安全问题，绝不可麻痹大意。进行化学实验的学生，应接受相应的安全教育，而且每次实验前都要仔细阅读实验室中的安全注意事项。在实验过程中，要严格遵守下列安全守则：

(1) 实验室内严禁吸烟、饮食、大声喧哗、打闹。

(2) 水、电、气用后立即关闭。

(3) 洗液、强酸、强碱等具有强烈的腐蚀性，使用时应特别注意。

(4) 有刺激性或有毒气体的实验，应在通风橱内进行，嗅闻气体时，用手轻拂气体，把少量气体扇向自己再闻，不能将鼻孔直接对着瓶口。

(5) 挥发和易燃物质的实验，必须远离火源。

(6) 加热试管时，不要将试管口对着自己或他人，也不要俯视正在加热的液体，以免液体溅出使自己受到伤害。

(7) 有毒试剂要严防进入口内或接触伤口，也不能随便倒入水槽，应回收处理。

(8) 稀释浓硫酸时，应将浓硫酸慢慢注入水中，并不断搅拌，切勿将水倒入浓硫酸中，以免迸溅，造成灼伤。

(9) 禁止随意混合各种试剂，以免发生意外事故。

(10) 实验完毕，将实验台面整理干净，洗净双手，关闭水、电、气等阀门后离开实验室。

## 二、实验室意外事故及处理

(1) 若乙醇(酒精)、苯或乙醚等起火，应立即用湿布或沙土(实验室应备有灭火沙箱)等灭火。若遇电器设备着火，必须先切断电源，再用二氧化碳或四氯化碳灭火器灭火。

(2) 遇有烫伤事故，轻者可在灼伤处涂上烫伤药膏，重者需送医院治疗。

(3) 若眼睛或皮肤上溅上强酸或强碱，应立即用大量水冲洗。但若是浓硫酸，则应先用干布擦去，然后用大量水冲洗，再用3%碳酸氢钠溶液(或稀氨水)洗。若碱灼伤，须用2%乙酸溶液(或硼酸)洗，最后涂凡士林。

（4）氢氟酸烧伤皮肤时，立即用大量流动水彻底冲洗 20 min 以上，尽快地稀释或冲去氢氟酸，再用 10% 碳酸氢钠（或 2% 氯化钙溶液）洗涤，然后用 2 份甘油与 1 份氧化镁制成的糊状物涂在纱布上掩盖患处。

（5）金属汞易挥发，可通过呼吸进入人体内，逐渐积累引起慢性中毒，使用时要十分小心。一旦洒落，必须尽快地收集起来，并用硫黄粉盖在洒落的地方，使汞转变成不挥发的硫化汞。

（6）一旦毒物进入口内，应立即吐掉毒物，并用大量清水漱口；若已吞入，可把 5~10 mL 稀硫酸铜溶液加入一杯温水中，内服后，用手指伸入咽喉部，促使呕吐，然后立即送医院。

（7）若吸入氯气、氯化氢气体，可吸入少量乙醇和乙醚的混合蒸气以解毒；若吸入硫化氢气体感到不适或头晕时，应立即到室外呼吸新鲜空气。

（8）被玻璃割伤时，伤口若有玻璃碎片，须先挑出，然后抹上红药水并包扎。

（9）如遇触电事故，应立即切断电源，必要时进行人工呼吸，对伤势较重者，立即送医院救治。

## 三、普通化学实验常用仪器简介

普通化学实验需要用到的仪器非常多，常用仪器的规格、用途、注意事项见表 1-1 所列。

表 1-1 实验室常用仪器

| 仪器 | 主要用途 | 注意事项 |
| --- | --- | --- |
| 烧杯 | ①配制溶液，溶解样品<br>②用于溶液加热或蒸发的反应容器 | ①反应液体不得超过容积的 1/3<br>②加热时应放在石棉网上 |
| 试管及离心试管 | ①少量试剂的反应容器，便于操作和观察<br>②收集少量气体用<br>③离心试管用于定性分析中的沉淀分离 | ①反应液体不超过试管容积的 1/2，加热时不超过 1/3<br>②加热试管时试管口不要对人<br>③加热液体时试管与桌面成 45°，管口向上；加热固体试管口应略向下倾斜<br>④加热后不能骤冷，以防试管炸裂<br>⑤离心试管不能直接加热 |
| 玻璃漏斗 | ①用于过滤<br>②转移液体或粉末状固体到口径较小的容器中 | 不能用火直接加热 |

（续）

| 仪器 | 主要用途 | 注意事项 |
|---|---|---|
| 分液漏斗 | 分离互不相溶的液体 | ①不能加热<br>②漏斗塞子不能互换，塞子处不可漏液 |
| 量筒 | 量取一定体积的液体 | ①不能加热；不可作实验容器<br>②不可量取热的溶液<br>③量取溶液时，以液面最低点到达的刻度为准<br>④读取刻度时，眼睛应与液面水平 |
| 圆底蒸发皿 | 用于蒸发液体或溶液 | ①耐高温，直接用火加热<br>②高温时不能骤冷 |
| 表面皿 | 盖在烧杯上，防止液体喷溅 | 不能用火直接加热 |
| 锥形瓶 | 适用于滴定操作，方便振荡 | ①反应液体不得超过容积的1/3<br>②加热时应放在石棉网上 |
| 称量瓶 | 准确称取固体试剂 | 不能加热 |
| 干燥器 | 用于干燥或保存试剂 | 不能放入过热物品 |

（续）

| 仪器 | 主要用途 | 注意事项 |
|---|---|---|
| 酒精灯 | 加热工具 | ①酒精灯的灯芯要平整，如已烧焦或不平整，要用剪刀修整<br>②添加酒精时酒精不少于酒精灯容积的1/4，不超过2/3<br>③绝对禁止向燃着的酒精灯里添加酒精，以免失火<br>④绝对禁止用酒精灯引燃另一只酒精灯，要用火柴点燃<br>⑤用完酒精灯，必须用灯帽盖灭，不可用嘴去吹 |
| 广口瓶 | 用于盛放固体试剂 | 不能加热 |
| 试剂瓶 | 用于盛放液体试剂 | 不能加热 |
| 滴瓶 | 用于盛放液体试剂或溶液 | ①不能加热<br>②滴瓶滴管不得互换，不能长期盛放浓碱液 |
| 胶头滴管 | 取用液体试剂或溶液 | — |
| 容量瓶 | 配制准确浓度的溶液 | ①不能加热，不能存放溶液<br>②磨口塞不能互换，漏水不能使用 |
| 滴定管 | ①用于滴定溶液<br>②用于量取较准确体积的液体 | 见光易分解的滴定液宜采用棕色滴定管 |
| 吸量管 移液管 | 精确移取一定体积的液体 | 用少量待移取液润洗3次 |
| 吸滤瓶及布氏漏斗 | 用于减压过滤 | 不能用火加热 |

# 四、化学试剂基本常识

## （一）化学试剂的分类

化学试剂的种类很多，目前国内外尚无统一的分类方法，一般情况下可按纯度、种类、用途分类。常用的化学试剂主要有分析试剂、基准试剂、标准物质、分析标准品、原子吸收光谱标准品、色谱试剂、极谱试剂、光谱纯试剂、生化试剂、无机试剂和有机试剂等。

常用化学试剂根据纯度的不同分为不同的等级，见表1-2所列。

表1-2　常用化学试剂的分类

| 等级 | 名称 | 英文名称 | 表示符号 | 标签颜色 | 适用范围 |
|---|---|---|---|---|---|
| 一级品 | 优级纯 | guarantee reagent | G. R | 绿色 | 适用于精密分析工作和科学研究工作 |
| 二级品 | 分析纯 | analytical reagent | A. R | 红色 | 适用于一般定性分析实验和科学研究工作 |
| 三级品 | 化学纯 | chemical pure | C. P | 蓝色 | 适用于一般的化学制备和教学实验 |
| 四级品 | 实验试剂 | laboratorial reagent | L. R | 棕色或其他颜色 | 适用于一般的化学实验辅助试剂 |

## （二）化学试剂的存放

化学试剂中部分试剂具有易燃、易爆、腐蚀性或毒性等特性，保管时要注意防火、防水、防挥发、防曝光和防变质。化学试剂的保存，应根据实际的毒性、易燃性、腐蚀性和潮解性等不同特点，采用不同的保管方法。

化学试剂存放在实验室中也是一项十分重要的工作，有的试剂因存放不好而变质失效，不仅是一种浪费，而且有可能使实验失败，甚至会引起事故。一般的化学试剂应保存在通风良好、干净、干燥的房间里，防止水分、灰尘和其他物质的污染。同时，根据试剂性质不同应有不同的存放方法。

（1）一般单质和无机盐类的固体：应放在试剂柜内，无机试剂要与有机试剂分开存放。危险性试剂必须分类隔开放置，不能混放在一起。

（2）易腐蚀玻璃的试剂：如氢氟酸、氟化物、氢氧化钠等，应保存在塑料瓶或涂有石蜡的玻璃瓶中。

（3）见光分解及易被氧化的试剂：如过氧化氢（双氧水）、硝酸银、高锰酸钾、草酸、铋酸钠等试剂见光易分解，氯化亚锡、硫酸亚铁、亚硫酸钠等与空气接触易逐渐被氧化，应放在棕色瓶内，阴暗避光处保存。

（4）吸水性强的试剂：如无水碳酸盐、氢氧化钠、过氧化钠等应严格密封（蜡封）。

（5）易相互作用的试剂：如挥发性的酸与氨、氧化剂与还原剂，应分开存放。

（6）易燃、易爆液体：易燃的液体主要是有机试剂，如乙醇、乙醚、苯、丙酮；易爆的液体，如高氯酸、过氧化氢、硝基化合物，应分开存放在阴凉通风、不受阳光直接照射的地方。

（7）易燃固体：无机物如硫黄、红磷、镁粉和铝粉等，着火点都很低，也应注意单独存放，存放处应通风、干燥。白磷在空气中可自燃，应保存在水里，并放在避光阴凉处。

（8）遇水燃烧的物品：金属锂、金属钠、金属钾、电石和锌粉等，可与水发生剧烈反应，放出可燃性气体。锂要用石蜡密封，金属钠和金属钾应保存在煤油中，电石和锌粉应放在干燥处。

（9）剧毒试剂：如氰化钾、氰化钠、氢氟酸、氯化汞、三氧化二砷等，应专人妥善保存，取用要经过特定手续，以免发生事故。

### （三）化学试剂的取用

**1. 液体试剂的取法**

（1）从细口试剂瓶取用试剂的方法：取下瓶塞放在台上。用左手握住容器，右手拿起试剂瓶，注意试剂瓶上的标签对着手心，倒出所需量的试剂，如图1-1所示。倒完后，将试剂瓶口在容器上靠一下，以免留在瓶口上的试剂流到试剂瓶外壁。必须注意的是，倒完试剂后，瓶塞须立即盖在原来的试剂瓶上，把试剂瓶放回原处。

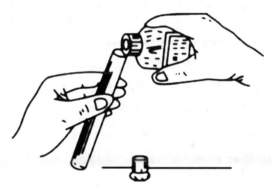

图1-1　细口试剂瓶的操作

（2）从滴瓶中取用少量试剂的方法：瓶上装有滴管的试剂瓶称为滴瓶。滴管上部装有橡皮乳头，下部为细长的管子。使用时，提起滴管，使管口离开液面。用手指紧捏滴管上的橡皮乳头，以赶出滴管中的空气，然后把滴管伸入试剂瓶中，放开手指，吸入试剂，再提起滴管，将试剂滴入所需容器内。

使用滴瓶时，必须注意：

①将试剂滴入试管时，必须将滴管悬空放在靠近试管口的上方使试剂滴入，如图1-2所示。禁止将滴管伸入试管中，否则，滴管的管端将很容易碰到试管壁上而黏附了其他溶液，如果再将此滴管放回试剂瓶中，则试剂将被污染，不能再使用。

②滴瓶上的滴管只能专用，不能和其他滴瓶上的滴管混淆，因此使用后，

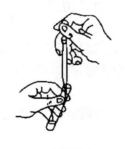

正确　　　　　　不正确

图1-2　用滴管将试剂加入试管中

应立刻将滴管插回原来的滴瓶中。

**2. 固体试剂的取法**

固体试剂一般都用药勺取用。药勺两端为一大一小两个勺，根据所取药量而选用。使用药勺，必须保持干燥、洁净。

(四)试剂溶液的配制

化学实验中常需要配制许多溶液，可分为一般溶液、基准溶液和标准溶液。

**1. 一般溶液的配制**

根据实验的不同要求和化学试剂本身的特性，选取合适的称量仪器和玻璃器皿进行。如果实验对溶液浓度的准确度要求不高，可用台秤、量筒等低准确度的仪器配制溶液，溶液浓度的有效数字为1~2位。

**2. 基准溶液的配制**

在定量分析实验中，常需要配制基准溶液，用于标定其他溶液的准确浓度。常用的基准试剂有邻苯二甲酸氢钾、重铬酸钾、氧化镁等。

配制方法：在分析天平上称取一定量的基准试剂于烧杯中，加入适量蒸馏水完全溶解，转入容量瓶内。转移时，玻璃棒下端贴靠在瓶颈内壁，上端不能接触瓶口，使溶液沿玻璃棒缓缓流入容量瓶中。再用少量蒸馏水洗涤烧杯和玻璃棒3~4次，把洗涤液一起转移至容量瓶中。加蒸馏水至标线以下2~3 cm处，等待1 min左右，再用滴管缓缓加水至溶液凹液面最低处与标线相切，旋紧磨口瓶塞，左手捏住瓶颈上端，食指压住瓶塞，右手三指托瓶底，将容量瓶振荡同时反复倒转，使溶液混匀。

使用容量瓶六忌：一忌用容量瓶进行溶解(导致体积不准确)；二忌直接往容量瓶倒溶液(容量瓶口太小，容易洒到外面)；三忌加水超过刻度线(导致浓度偏低)；四忌读数仰视或俯视(仰视浓度偏低，俯视浓度偏高)；五忌不洗涤玻璃棒和烧杯(导致浓度偏低)；六忌标准溶液存放于容量瓶(容量瓶是量器，不是容器)。

**3. 标准溶液的配制**

标准溶液就是已知准确浓度的溶液。有些化学试剂受纯度、稳定性等因素的制约，不能在分析天平上直接称重，只能通过标定法获得。因此，标准溶液的配制除采用直接法以外，较多采用标定法。

标准溶液还可由浓的标准溶液稀释而成，操作如下：用移液管或移液枪吸取一定体积的浓的标准溶液，转移至容量瓶中，定容。

**4. 配制溶液时注意事项**

由于化学试剂本身所具有的化学性质和物理性质不尽相同，所以，配制不同的溶液时需注意：

(1)配制硫酸等放热量大的溶液时，应边搅拌边将浓硫酸沿烧杯壁缓慢倒入蒸馏水中。

（2）配制水中溶解度较小的固体试剂，可选用合适的溶剂来溶解。

（3）配制易水解的盐溶液时，应先加相应的酸溶解后，再用水溶解。

（4）配制饱和溶液时，应称量比计算值稍多的溶质质量，加热溶液，然后冷却，结晶析出后所得溶液就是饱和溶液。

## （五）危险化学品

根据危险化学品的性质，常用危险化学品可大致分为易燃、易爆和有毒三大类。

**1. 易燃化学品**

（1）可燃气体有乙炔、氢气、甲烷和煤气等。

（2）可燃液体可根据闪点分为一级、二级、三级。一级可燃液体（闪点＜28℃）有丙酮、甲醇、乙醛、苯、乙醇、汽油等；二级可燃液体（闪点 28～45℃）有丁烯醇、乙酸、乙酸丁酯、松节油、煤油等；三级可燃液体（闪点 45～120℃）有丙二胺、壬醇、己酸乙酯、二乙三胺等。

（3）易燃固体可分为无机物和有机物两大类。无机物类如红磷、硫黄、三硫化二磷、镁粉和铝粉等；有机物类如硝化纤维、樟脑等。

（4）遇水燃烧的物质有金属钾、金属钠、碳化钙等。

**2. 易爆化学品**

氢气、乙炔、二硫化碳、乙醚及汽油的蒸气与空气或氧气混合都可能因为遇火花导致爆炸。

单独可爆炸的有硝酸铵、三硝基甲苯、硝化纤维、苦味酸等。混合发生爆炸的有高锰酸钾加甘油、硝酸加镁、硝酸铵加锌粉和水、硝酸盐加二氯亚锡、过氧化物加铝和水等。

氧化物与有机物接触，极易引起爆炸，所以在使用硝酸、高氯酸、过氧化氢等时必须注意。

**3. 有毒化学品**

（1）氯气、氟气、氯化氢、氟化氢、硫化氢、二氧化硫、光气、氨气、二氧化氮、磷化氢、氰化氢、一氧化碳和三氟化硼等均为有毒气体，具有窒息性或刺激性。

（2）强酸和强碱均会刺激皮肤，有腐蚀作用都会造成化学烧伤。

（3）高毒性固体有无机氰化物和三氧化二砷等砷化物、氯化汞等可溶性汞化合物、铊盐及其化合物和五氧化二矾等。

（4）有毒有机物有苯、甲醇、二硫化碳、芳香硝基化合物、苯酚、硫酸二甲酯、苯胺及其衍生物等。

（5）已知的危险致癌物质有苯并芘等多环芳烃、亚硝胺、石棉粉尘等。

（6）具有长期积累效应的毒物有苯、铅化合物、汞、二价汞盐和液态的有机汞化合物等。

## 五、简单玻璃工操作

### 1. 玻璃管的切割

(1)切割：用锉刀的边棱或小砂轮在玻璃管所需要切割的地方朝一个方向锉一稍深的凹痕(图1-3)(注意：使用锉刀时应向一个方向锉，不要来回锉)，双手握住玻璃管(或玻璃棒)，凹痕在外，大拇指在凹痕后面向前推，同时食指和拇指把玻璃管(玻璃棒)向外拉，折断玻璃管(玻璃棒)(注意：折断时应尽可能远离眼睛，或在锉痕两边包上布后再折)。

图1-3  玻璃管(棒)的切割

若需要在接近端点断开，可用下法：用另一支玻璃棒拉细的一端在酒精喷灯(或煤气灯)灯焰上强加热，软化后紧按锉痕处，玻璃管(或玻璃棒)即沿锉痕处裂开。若锉痕未扩展成一圈时，可以逐次用烧热的玻璃棒压触在裂痕稍前处，直至玻璃管(或玻璃棒)完全断开。

(2)熔烧：切割后的玻璃管截断面很锋利，非常容易划手，并且难以插入塞子的圆孔内，所以必须进行熔烧。把截断面斜插入酒精喷灯的氧化焰中灼烧，缓慢地转动玻璃管(玻璃棒)，均匀熔烧，直至熔烧光滑为止。

### 2. 弯曲玻璃管

(1)加热：双手水平地拿着玻璃管，将其在酒精喷灯的火焰中加热，受热长度约1 cm，边加热边缓慢而均匀地沿同一方向转动玻璃管，两手用力要均等，转速要一致，以免玻璃管在火焰中扭曲。加热至玻璃管发黄变软，如图1-4所示。

(2)弯管：自火焰中取出玻璃管，稍等片刻，待到各部分温度均匀，准确地把它弯成所需要的角度。弯管的正确手法是"V"字形，两手在上方，玻璃管弯曲部分在两手中间的下方(图1-5)。弯好后，待其冷却变硬后把它放在石棉网上继续冷却。冷却后，应检查其角度是否准确，整个玻璃管是否在同一平面上。120°以上的角度，可以一次弯成。较小的锐角可分为几次弯曲，先弯成一个较大的角度，然后在第一次受热部位稍偏左、稍偏右处进行第二次、第三次加热和弯曲，直到弯成所需要的角度为止。

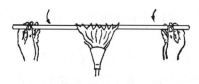

图1-4  玻璃管待弯曲部分的加热

图1-5  玻璃管弯曲手法

**3. 玻璃管的拉制**

在制作毛细管、沸点管和滴管时，要将玻璃管拉制到一定的细度。玻璃管的拉制操作如下：将玻璃管外围清洗并用布擦净，加热玻璃管的方法与弯曲玻璃管时基本一致，不过烧得时间长一些，玻璃管软化程度大一些。待玻璃管发黄变软后，将其从火焰中移出，按图1-6所示的姿势，两手平稳地沿水平方向拉伸玻璃管，使其拉伸至所需粗细，待其变硬后，由一只手垂直提着，另一只手在上端适当的地方折断。

**图 1-6　玻璃管的拉制**

中间细的一段可制成毛细管，两端可制成滴管。制滴管时，先把玻璃管的尖嘴稍微烧一下，使它光滑，再把粗的一端烧熔，立即垂直地在石棉网上轻轻地压一下，得到整齐厚实的缘口，冷却后，装上橡胶乳头，即可制成滴管。

## 六、常用玻璃仪器的洗涤和干燥

**1. 玻璃仪器的洗涤**

普通化学实验中经常使用各种玻璃仪器。为了得到准确的实验结果，每次实验前和实验后必须将玻璃仪器洗涤干净。根据实验的要求、污物的性质、种类及沾污的程度，可采用不同的清洗方法，选用适当的洗涤剂或洗液。已洗涤的玻璃仪器壁上，不应附着不溶物、油垢等。将玻璃仪器倒转过来，如果水沿器壁流下，器壁上只留下一层既薄又均匀的水膜，不挂水珠，则表示玻璃仪器已经洗净。玻璃仪器包括玻璃容器、量器和器皿。其中，玻璃容器的洗涤最为重要。洗涤时应视仪器的沾污程度选择适合的洗涤方法。

（1）水洗：对于试管、烧杯、量筒等普通玻璃仪器，倒掉容器内物质后，可向容器内注入1/3左右的自来水振荡冲洗，选用合适的试管刷刷洗，最后用蒸馏水或去离子水涮洗，直至干净。

（2）用去污粉、洗衣粉和合成洗涤剂洗：可以有效去除油污和有机物等。在洗涤时，先用少量的水润湿，再用试管刷蘸取少量洗涤剂来刷洗玻璃仪器的内外壁，依次用自来水冲洗，蒸馏水或去离子水涮洗。

（3）用洗液洗：对于那些无法用普通方法洗净的污垢，需要根据污垢的性质选用适当的试剂，通过化学方法除去。常用的铬酸洗液是浓硫酸和重铬酸钾溶液的混合物，具有很强的氧化性和酸性。铬酸洗液可以反复使用，直至溶液变为绿色时，洗液中的 $Cr(\text{Ⅵ})$ 还原为 $Cr(\text{Ⅲ})$ 而失去去污能力。铬酸洗液具有很强的腐蚀性，使用时必须注意。

铬酸洗液的配制方法：称取 25 g 重铬酸钾在加热条件下溶于 25 mL 水中，然后将浓硫酸加入溶液中至 500 mL，边加边搅拌。

洗涤方法：使用前，应尽量将容器内的水去掉，以免稀释洗液。向容器中倒入少量铬酸洗液，然后将容器倾斜并慢慢转动，使容器内全部被洗液润湿，转动几圈将洗液倒回原瓶。对于污垢较多的容器可用洗液浸泡一段时间，再将洗液倒回原瓶。倒出洗液后，用自来水冲洗干净，最后用蒸馏水涮洗。用洗液洗涤玻璃仪器应遵守少量多次的原则，既节约又可提高效率。

(4)特殊物质的去除：①由铁盐、铅盐或锰盐引起的污物，可用浓盐酸处理。②金属硫化物可用硝酸(必要时可加热)处理。③去除容器壁上的硫黄可用煮沸的石灰水或与氢氧化钠溶液一起加热，或加入少量二硫化碳清洗，或用浓硝酸加热溶解。④精密的量器(如容量瓶、移液管、滴定管等)，不宜用强碱性的洗涤剂或去污粉洗。

**2. 玻璃仪器的干燥**

根据不同的情况，可采用下列方法将洗净的玻璃仪器干燥。

(1)晾干：不急用的玻璃仪器洗净后可倒置在干净的玻璃仪器架上自然晾干。

(2)烤干：急用的玻璃仪器擦干外壁后，可用小火烤干。烧杯和蒸发皿，可以放在石棉网上用小火加热。试管可直接用小火烤干，操作时应将管口稍微向下倾斜，并来回移动试管使受热均匀(图1-7)。

(3)烘干：将洗净的玻璃仪器放进电烘箱(图1-8)内烘干(105~110℃)，放进烘箱前要把水沥干，木塞和橡胶塞不能与玻璃仪器一起干燥，玻璃塞应从玻璃仪器上取下，放在一旁干燥。有刻度的量器不宜在烘箱中烘干。

图1-7　用火烤干试管

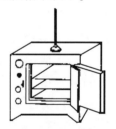

图1-8　电烘箱

(4)吹干：带有刻度的量器，既不易晾干，又不能用加热方法干燥，但可用吹风机将其吹干。在玻璃仪器内加入少量与水相溶的有机溶剂(最常用的是乙醇、丙酮等)，倾斜、转动，均匀润湿，倒出溶剂后用吹风机吹干仪器。使用的乙醇和丙酮等应回收。

## 七、基本度量仪器及其使用方法

**1. 量筒**

量筒是化学实验室中最常用的度量液体体积的量器。量筒有各种不同的容量，可根据需要选用。例如，需要量取 8.0 mL 液体时，为了提高测量的准确度，应选用 10 mL 量筒(测量误差为±0.1 mL)，如果选用 100 mL 量筒量取 8.0 mL 液体，则至少有±1 mL 的误差。读取量筒的刻度值，一定要使视线与量筒内液体凹

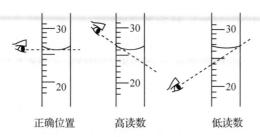

正确位置　　　　高读数　　　　　　低读数

**图 1-9　量筒刻度的读法**

液面的最低点处于同一水平线，否则会增加液体体积的测量误差(图1-9)。量筒不能作反应器用，不能装热的液体。

**2. 移液管和吸量管**

移液管和吸量管都是用于准确移取一定体积液体的量出式容器。移液管是一根细长而中间有一膨大部分(称为球部)的玻璃管，球部上下均为较细窄的管颈，上端管颈刻有一条环形标线，也称单标线吸量管。球部标有移液管的容积和标定时的温度。在标定温度下，使溶液的弯月面与移液管标线相切，让溶液按一定的方式自然流出，则流出的体积与管上标示的体积相同。常见的移液管有 2 mL、5 mL、10 mL、25 mL、50 mL 等规格。

吸量管是内径均匀、具有分刻度的玻璃管，也称分度吸量管。吸量管用于移取非固定量的溶液，其准确度不如移液管。常见的吸量管有 1 mL、2 mL、5 mL、10 mL 等规格。

使用前，用洗液洗净内壁：先慢慢用洗耳球吸入少量洗液至移液管中，用食指按住管口，然后将移液管平持，松开食指，转动移液管，使洗液与管口以下的内壁充分接触；再竖直移液管，让洗液流出至回收瓶中。然后，吸入少量自来水，同样方法洗涤数次，再用蒸馏水冲洗 3 次。移取溶液前，用滤纸将管尖端内外的水吸净，然后用少量待装的溶液润洗内壁 2~3 次，以保证溶液移取后的浓度不变。移取溶液时，用右手的大拇指和中指拿住移液管标线以上的部位，将移液管下端插入液面下 1~2 cm。左手拿洗耳球，先把球内空气压出，将洗耳球的尖端对准移液管的上管口，然后慢慢松开左手手指，使液体被吸入管内。当液面升高到标线刻度以上时，移开洗耳球，立即用右手的食指按住管口，将移液管提出液面，管的末端仍靠在容器的内壁上，略微松开食指，用拇指和中指轻轻捻转移液管，使管内液面慢慢下降，直至溶液的弯月面与标线相切。立即用食指按紧管口，使液体不再流出。取出移液管，用干净滤纸片擦去移液管末端外部的溶液，但不得接触移液管下口，然后进行放液操作。右手垂直地拿住移液管，左手拿盛接溶液的容器并略倾斜，管尖紧靠液面以上容器内壁，使内壁与插入的移液管管尖成45°左右，放松食指，使溶液自然地沿管壁流出。待液面下降到管尖后，停留 15 s 左右，取出移液管。如果移液管未标"吹"字，不要吹出残留在尖端的液体，因为移液管容积不包括末端残留的溶液。当使用标有"吹"字的移液管时，末端的溶液必须吹出。

15

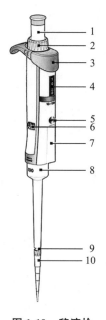

**图 1-10  移液枪**

1. 控制按钮  2. 体积调节
旋钮  3. 吸头脱卸按钮  4. 体
积显示窗口  5. 密度调节孔
6. 密度调节窗口  7. 标记区
8. 套筒  9. 弹性吸嘴
10. 吸头

### 3. 移液枪

移液枪是量取少量或微量液体的量器,移取液体体积的范围通常在 1~10 000 μL(图 1-10)。移液枪通常有 10 μL、20 μL、100 μL、200 μL、1 000 μL、5 000 μL、10 000 μL 等不同量程。不同量程的移液枪配套使用不同大小的枪头。移液枪属精密仪器,使用及存放时均要小心谨慎,防止损坏,避免影响其量程。移液枪的正确使用方法如下所述。

(1)选择合适量程的移液枪和吸头:为确保更好的准确性和精度,建议选择适当使用量程范围的移液枪,并且移液量在吸头的 20%~100% 量程。移液枪使用量程范围见表 1-3 所列。

(2)调节容量:从大体积调节至小体积时,逆时针旋转至刻度即可;从小体积调节至大体积时,可先顺时针调过设定体积,再回调至设定体积,可保证最佳的精确度。

(3)移液:吸取液体时,四指并拢握住移液枪上部,用拇指按住控制按钮,移液器保持竖直状态,将枪头插入液面下 2~3 mm,缓慢松开按钮,吸上液体(注:为使测量准确可将吸嘴预洗 3 次,即反复吸排液体 3 次),

**表 1-3  移液枪建议有效使用范围**                                     μL

| 量程 | 有效范围 | 量程 | 有效范围 |
| --- | --- | --- | --- |
| 10 | 0.5~10 | 1 000 | 200~1 000 |
| 20 | 2~20 | 5 000 | 1 000~5 000 |
| 100 | 20~100 | 10 000 | 2 000~10 000 |
| 200 | 50~200 | | |

并停留 1~2 s(黏性大的溶液可加长停留时间),将吸头沿器壁滑出容器,排液时吸头接触倾斜的器壁。最后按下吸头脱卸按钮,将吸头推入废物缸。

(4)两种移液方法:

①前进移液法。用大拇指将按钮按下至第一停点,然后慢慢松开按钮回原点。接着将按钮按至第一停点排出液体,稍停片刻继续按按钮至第二停点吹出残余的液体。最后松开按钮。

②反向移液法。此法一般用于转移高黏液体、生物活性液体、易起泡液体或极微量的液体,其原理就是先吸入多于设置量程的液体,转移液体的时候不用吹出残余的液体。先按下按钮至第二停点,慢慢松开按钮至原点。接着将按钮按至第一停点排出设置好量程的液体,继续保持按住按钮位于第一停点(千万别再往

下按），取下有残留液体的枪头，弃之。

**4. 容量瓶**

容量瓶主要用来配制准确浓度的溶液或将准确容积及浓度的浓溶液稀释成准确浓度及容积的稀溶液。它是一种细颈梨形的平底瓶，带有磨口塞，瓶颈上刻有环形标线，表示在指定温度下，当溶液充满至标线时的容积。容量瓶使用前，必须检查是否漏水，方法如下：将自来水加入瓶内至标线附近，盖好瓶塞，左手托住瓶底，右手食指按住塞子，其余手指拿住瓶颈标线以上部分，将瓶倒立 2 min，观察有无漏水现象。如不漏水，再将瓶直立，转动瓶塞180°后倒立 2 min，如仍不漏水，即可使用。用橡皮筋或细绳将瓶塞系在瓶颈上。

操作方法：如果是用固体物质配制标准溶液或分析试剂时，先将准确称取的物质置于小烧杯中溶解后，再将溶液定量转入容量瓶中。定量转移方法：右手拿玻璃棒，左手拿烧杯，使烧杯嘴紧靠玻璃棒，而玻璃棒则悬空伸入容量瓶口中，玻璃棒的下端靠住瓶颈内壁，慢慢倾斜烧杯，使溶液沿着玻璃棒流下（图 1-11），倾完溶液后，将烧杯嘴沿玻璃棒慢慢上移，同时将烧杯直立，然后将玻璃棒放回烧杯中。用洗瓶吹出少量去离子水冲洗玻璃棒和烧杯内壁，依上法将洗出液定量转入容量瓶中，如此吹洗、定量转移 3~5 次，以确保转移完全。然后加水至容量瓶 2/3 容积处（如不进行初步混合，而是用水调至刻度，那么当溶液与水在最后摇匀混合时，会发生收缩或膨胀，弯月面不能再落在刻度处），将干的瓶塞塞好，以同一方向旋摇容量瓶，使溶液初步混匀。但此时切不可倒转容量瓶，继续加水至距离刻线 1 cm 处后，等 1~2 min，使附在瓶颈内壁的溶液流下，用滴管滴加水至弯月面下缘与标线相切，塞上瓶塞，以左手食指压住瓶塞，其余手指拿住刻线以上瓶颈部分，右手全部指尖托住瓶底边缘，将瓶倒转，使气泡上升到顶部，摇匀溶液，再将瓶直立，如此倒转让气泡上升到顶部、摇匀溶液……如此反复 10 余次后，将瓶直立，由于瓶塞部分的溶液未完全混匀，因此打开瓶塞使瓶塞附近溶液流下，重新塞好塞子，再倒转，摇荡 3~5 次，使溶液完全混匀。

如果把浓溶液定量稀释，则用移液管吸取一定体积的浓溶液移入瓶中，按上述方法稀释至刻度线，摇匀。

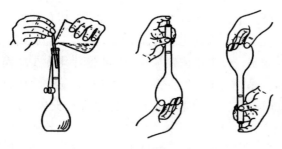

**图 1-11　容量瓶的使用**

使用容量瓶应注意下列事项:

(1)不可将其玻璃磨口塞随便取下放在桌面上,以免沾污或搞错,可用右手的食指和中指夹住瓶塞的扁头部分,当需用两手操作不能用手指夹住瓶塞时,可用橡皮筋或细绳将瓶塞系在瓶颈上。

(2)不可用容量瓶长期存放溶液,应转移到试剂瓶中保存,试剂瓶应先用配好的溶液润洗2~3次后,才可盛放配好的溶液。热溶液应冷却至室温后,才能定量转移到容量瓶中,容量瓶不可在烘箱中烘烤,也不可在电炉等加热器上加热,如需使用干燥的容量瓶,可用乙醇等有机溶剂荡洗晾干或用吹风机的冷风吹干。

### 5. 滴定管

滴定管是滴定时用来准确测定流出的溶液体积的量器。常量分析最常用的是容积为50 mL 的滴定管,其最小刻度是0.1 mL,因此,读数可达小数点后第2位。另外,还有容积为1 mL、2 mL、5mL、10 mL 的微量滴定管。

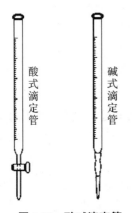

图 1-12 酸碱滴定管

滴定管一般分为两种:一种是下端带有玻璃旋塞的酸式滴定管,用于盛放酸类或氧化性溶液;另一种是碱式滴定管,用于盛放碱类溶液(图 1-12),其下端连接一段乳胶管,内放一玻璃珠,以控制溶液的流速,橡皮管下端再连接一个尖嘴玻璃管。一般而言,酸式滴定管不能盛放碱类溶液,因其磨口玻璃旋塞会被碱类溶液腐蚀。而碱式滴定管也不能盛放高锰酸钾、碘和硝酸银等氧化性溶液,以免腐蚀橡胶管。目前,实验室使用最多的是聚四氟乙烯活塞的酸碱两用滴定管,使用方法与酸式滴定管相同。

(1)酸式滴定管的准备:

①使用前,首先应检查玻璃旋塞是否配合紧密,如不紧密,将会出现漏液现象。其次应进行充分洗涤,洗净的滴定管内壁应完全被水均匀润湿而不挂水珠。如内壁挂有水珠,应重新洗涤。

②为了使玻璃旋塞转动灵活,并防止漏液,须将旋塞涂凡士林或真空旋塞油脂。涂凡士林的操作方法如下:取下旋塞小头处的固定橡皮圈,取下旋塞。用滤纸片将旋塞和旋塞套擦干,擦拭时可将滴定管放平,以免管壁上的水进入旋塞套中。用手指蘸少许凡士林在旋塞的两头涂上薄薄一层,在旋塞孔的两旁少涂一些凡士林,不能涂得太多,以免堵住旋塞孔,也不能涂得太少,而达不到转动灵活和防止漏液的目的。涂好凡士林后,将旋塞直接插入旋塞套中,插入时旋塞孔应与滴定管平行,此时不要转动旋塞,这样可避免将凡士林挤入旋塞孔中。然后,向同一方向不断旋转旋塞,直到旋塞呈透明状为止。旋转旋塞时,应有向旋塞小头方向挤的力,以免来回移动旋塞,堵塞旋塞孔。最后将橡皮圈套在旋塞小头部分的沟槽内。

③用水充满滴定管，安置在滴定管架上直立静置 2 min，观察有无水滴漏下，然后将旋塞旋转 180°，再在滴定管架上直立静置 2 min，观察有无水滴漏下。如果漏水，则应重新进行涂油操作。若旋塞孔或滴定管尖被凡士林堵塞，可将滴定管插入热水中温热片刻，然后打开旋塞，使管内的水突然流下，冲出软化的凡士林，凡士林排出后可关闭旋塞。最后，用蒸馏水洗滴定管 3 次，备用。

(2)碱式滴定管的准备：使用前，应检查橡皮管是否老化、变质，检查玻璃球是否适当，玻璃球过大，则不便操作，玻璃球过小，则会漏液。如不符合要求，应及时更换。滴定管要进行充分洗涤，洗净的滴定管内壁为一均匀润湿水层，不挂水珠。否则，应重新洗涤。

(3)装入标准溶液：装入标准溶液时，应先将试剂瓶中的标准溶液摇匀，使凝结在瓶内壁的水珠混入溶液，用该溶液润洗滴定管 3 次，以除去管内残留的水膜，确保标准溶液的浓度不变。每次润洗时，标准溶液用量约为 10 mL。具体操作要求是：先关闭旋塞，倒入溶液，两手平端滴定管，右手拿住滴定管上端无刻度部分，左手拿住旋塞上部无刻度部分，边转动边向管口倾斜，使溶液流遍全管。打开旋塞，冲洗出口，使润洗液从下端流出。

在装入标准溶液时，应由试剂瓶直接倒入滴定管中，不得借用其他容器(如烧杯、漏斗等)，以免标准溶液的浓度改变或造成污染。装满溶液的滴定管，应检查尖嘴内有无气泡，如有气泡，将影响溶液体积的准确测量，必须排出。对于酸式滴定管，可用右手拿住滴定管无刻度部分使其倾斜约 30°，左手迅速打开旋塞，使溶液快速冲出，将气泡带走；碱式滴定管，可把橡皮管向上弯曲，出口上斜，挤捏玻璃球右上方，使溶液从尖嘴快速喷出，即可排出气泡(图 1-13)。

**图 1-13　碱式滴定管排气泡的方法**

(4)滴定管的操作方法：滴定管应垂直地夹在滴定管架上。

使用酸式滴定管时，左手握滴定管，无名指和小指向手心弯曲，轻轻贴着出口部分，用其余三指控制旋塞的转动。但应注意的是，不要向外用力，以免推出旋塞造成漏液，应使旋塞有一点向手心的回力。

使用碱式滴定管时，仍以左手握滴定管，拇指在前，食指在后，其余三指辅助夹住出口管。用拇指和食指捏住玻璃球所在部位，向右边挤橡皮管，使玻璃球移至手心一侧，这样溶液可从玻璃球旁的空隙流出。不要用力捏玻璃球处橡皮管，也不要使玻璃球上下移动。不要捏玻璃球下部橡皮管，以免空气进入形成气泡而影响读数。

滴定可在锥形瓶或烧杯内进行。在锥形瓶中进行时，用右手的拇指、食指和中指拿住锥形瓶，其余两指辅助在下侧，使瓶底离滴定台高 2~3 cm，滴定管尖伸入瓶口内约 1 cm。操作姿势如图 1-14 所示。

碱式滴定管　　酸式滴定管

**图 1-14　滴定操作姿势**

进行滴定操作时，应注意以下几点：①每次滴定最好都从 0.00 mL 开始，或从接近 0 的同一刻度开始，这样可以减少滴定误差。②滴定时，左手不能离开旋塞而任溶液自流。③摇动锥形瓶时，应微动腕关节，使溶液向同一方向旋转，不能前后振动，以免溶液溅出。摇瓶时，不要把瓶口碰到滴定管口上，一定要使溶液旋转出现一漩涡，不能摇动太慢，以免影响化学反应的进行。④滴定时，要观察溶液滴落点周围颜色的变化，不要看滴定管上部的体积而不顾滴定反应的进行。⑤开始时，滴定速率可稍快，为每秒 3~4 滴。接近终点时，应改为一滴一滴加入，最后是每加半滴，摇几下锥形瓶，直至溶液出现明显的颜色变化为止。

滴加半滴溶液的方法如下：①对酸式滴定管，可微微转动旋塞，使溶液悬挂在出口管嘴上形成半滴，用锥形瓶内壁将其沾落，再用洗瓶以少量蒸馏水吹洗瓶壁。②对碱式滴定管，应先松开拇指和食指，将悬挂的半滴溶液沾在锥形瓶内壁上，再放开无名指与小指。

滴定结束后，滴定管内的溶液应弃去，不要倒回原试剂瓶中，以免沾污瓶内溶液。然后，洗净滴定管，用蒸馏水充满滴定管，垂直夹在滴定台上，下尖口距底座 1~2 cm，备用。

(5)滴定管的读数：滴定管读数前，应注意管尖上是否挂着水珠。若在滴定后挂有水珠，则不能准确读数。读数一般应遵守以下原则：①读数时，滴定管应垂直放置。②由于水的附着力和内聚力的作用，滴定管内的液面呈弯月形。无色溶液或浅色溶液的弯月面比较清晰，应读弯月面下缘实线的最低点。因此，读数时视线应与弯月面下缘实线的最低点相切，即视线应与弯月面下缘实线的最低点在同一水平面上。有色溶液的弯月面不清晰，读数时视线与液面两侧的最高点相切，这样才容易读准。③为了使读数准确，在滴定管装满溶液或放出溶液后，必须等 1~2 min，使附着在内壁的溶液流下来后再读数。④读数时，要读至小数点后第 2 位，即要求估计到 0.01 mL。

## 八、溶液与沉淀的分离

常用沉淀与溶液的分离方法有倾析法、过滤法和离心分离法。

### 1. 倾析法

当沉淀的密度较大或结晶的颗粒较大，静置后能沉降至容器底部时，可用倾析法进行沉淀的分离和洗涤。

具体做法是：把沉淀上部的溶液倾入另一容器内，然后往盛着沉淀的容器内加入少量洗涤液，充分搅拌后，沉降，倾去洗涤液。如此重复操作 2~3 遍，即可把沉淀洗净，使沉淀与溶液分离。

**2. 过滤法**

过滤法是通过小孔滤纸或滤膜来分离细状颗粒与溶液。其操作可分为常压过滤、减压过滤、热过滤及滤膜过滤。

（1）常压过滤：又称自然过滤，是在常压环境下进行过滤，此法多适合于过滤胶体沉淀或晶形沉淀，过滤速度较慢。常压过滤装置包括普通漏斗、铁架台（含铁圈）、滤纸、烧杯、玻璃棒。

常压过滤所用的漏斗通常是玻璃的。过滤用的滤纸可分为定性滤纸和定量滤纸两种，普通化学实验中一般采用定性滤纸。过滤时，把圆形滤纸对折2次，折成4层（保持双手清洁干燥，保证滤纸清洁），展开后呈倒的圆锥体，一边为1层，另一边为3层。将滤纸放入漏斗，其边缘应低于漏斗的边缘，用少量水将滤纸润湿并轻压滤纸赶走滤纸和漏斗间的气泡，然后将漏斗放于铁架台上的铁圈中，下面放置干净的接收装置（烧杯或蒸发皿），调节漏斗位置，使漏斗颈出口斜面长的一边贴靠接收装置内壁，且保证过滤结束时漏斗颈出口不触及滤液。

过滤时通常采用倾泻法。具体操作是：待沉淀沉降后先转移溶液，然后往烧杯中加入适量洗液，搅拌沉淀（充分洗涤），静置，待沉淀沉降后再次转移溶液，重复1~2次洗涤操作，然后尽可能将剩余物全部转移至漏斗。这样既充分洗涤了沉淀，也减少了因沉淀堵塞滤纸空隙而减慢过滤速度的可能。过滤操作过程均应使用玻璃棒。过滤时注意以下几点：①引流时玻璃棒和烧杯嘴应垂直靠近，玻璃棒下端应靠近三层滤纸，以防单层滤纸被破坏，玻璃棒以不碰到滤纸为宜。每次倾入漏斗中的溶液应不超过滤纸高度的2/3；若漏斗中待过滤溶液的液面接近滤纸边缘时，应立即停止倾注，待漏斗中液面下降后方可继续操作。②倾注停止时，烧杯不应瞬间离开玻璃棒，须将烧杯嘴沿玻璃棒上提，然后慢慢把烧杯回复垂直状态，离开玻璃棒，以便烧杯嘴上残留的液滴转移至漏斗中，避免损失。③玻璃棒不应放在烧杯嘴处，以免沉淀丢失或溶液污染。

过滤完后，还须用少量洗液洗涤原烧杯壁和玻璃棒，洗液可直接倒入漏斗中。最后用少量洗液洗涤漏斗中沉淀2~3次。过滤过程如图1-15所示。

（2）减压过滤：也称吸滤或抽滤，是利用抽气泵降低抽滤瓶中的压强，达到较快速度分离固液的目的。减压过滤加快过滤速度，滤出的固体也容易干燥，但其不适用过滤胶体沉淀或细小的晶形沉淀。减压抽滤装置包括抽气泵（循环水泵、空气泵等，有时会用水抽）、抽滤瓶、漏斗（布氏漏斗、砂芯漏斗等）、安全瓶（可带三通阀）等，如图1-16所示。

减压抽滤常用瓷的布氏漏斗，也可使用玻璃砂芯漏斗，孔径有1号、2号、3号、4号，其中1号孔径最大，可根据沉淀颗粒不同选用。注意：布氏漏斗不适用于强碱性固液混合物的过滤。漏斗配以橡胶塞或橡胶垫，装在抽滤瓶上，安装时注意漏斗下端斜面应对着抽滤瓶侧面支管。抽滤瓶的支管用橡胶管与安全瓶

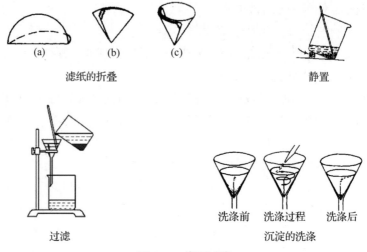

图 1-15　常压过滤

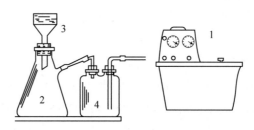

图 1-16　减压抽滤
1. 抽气泵　2. 抽滤瓶　3. 布氏漏斗　4. 安全瓶

连接，抽气泵也用橡胶管与安全瓶连接。安装完毕后，应检查各处是否紧密，不得漏气。抽滤过程中，抽气泵不断将空气带走，抽滤瓶内压力降低，使漏斗内的液面与抽滤瓶内形成压力差，加快过滤速度。连接安全瓶用于防止倒吸、造成滤液污染。

抽滤用的滤纸应比漏斗的内径略小，但又能把所有滤孔全部盖没，必要时需修剪滤纸。准备抽滤时，将滤纸放入漏斗中，铺平，用少量洗液润湿滤纸，此时打开抽气泵开关或水抽，让滤纸紧贴漏斗，检验是否漏气，然后将固液混合物转移到漏斗内。转移时，可先将清液沿玻璃棒转移至漏斗，每次转移量不应超过漏斗容量的 2/3，待清液过滤完后再转移沉淀，沉淀尽量铺平，原容器、玻璃棒以及沉淀的洗涤与常压过滤相似，最后抽滤完成以沉淀比较干燥为准。抽滤时还要注意：抽滤瓶内滤液液面应始终低于其侧面支管位置；根据待过滤液的特点，滤纸可多放置 1~2 张防止抽滤过程中滤纸损坏；防止待过滤物未经过滤直接通过漏斗和滤纸之间的缝隙流下。

停止抽滤时，须先慢慢拔掉橡胶连接管或者通过三通阀放气，然后关泵或停止水抽，避免倒吸。结束后转移沉淀时，可把漏斗取下，倒扣在干净的纸上或托盘内，用洗耳球从漏斗出口往里吹气或轻敲漏斗边缘；转移滤液时应擦干净抽滤瓶上口，滤液从抽滤瓶上口倒出，不能从侧面支管倒出，防止污染。

无论是常压抽滤还是减压抽滤，浓的强酸、强碱待过滤溶液或强氧化性待过滤溶液过滤时均不能用滤纸，需用玻璃棉或尼龙布代替。

(3)热过滤：如果不希望溶液中的溶质在过滤时留在滤纸上，这时就要趁热进行过滤，热过滤装置如图 1-17 所示。

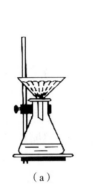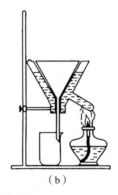

(a)　　　　　　　　(b)

**图 1-17　热过滤装置**

热过滤的方法有以下两种：

①少量热溶液的过滤。可选一个颈短而粗的玻璃漏斗放在烘箱中预热后使用。在漏斗中放一个折叠好的菊花型滤纸，其向外的棱边应紧贴漏斗壁上，如图 1-17(a)所示。使用前先用少量热溶剂润湿滤纸，以免干燥的滤纸吸附溶剂使溶液浓缩而析出晶体。然后，迅速将溶液倒入漏斗，用表面皿盖好漏斗，以减少溶剂挥发。

②较多热溶液的过滤。所选漏斗应为保温漏斗。保温漏斗是一种减少散热的夹套式漏斗，其夹套是金属套内安装一个长颈玻璃漏斗而形成的，如图 1-17(b)所示。使用时将热水(通常是沸水)倒入夹套，加热侧管(如溶剂易燃，过滤前务必将火熄灭)。漏斗中放入折叠好的菊花型滤纸，用少量热溶剂润湿滤纸，立即把热溶液分批倒入漏斗，不要倒得太满，也不要等滤完再倒，未倒的溶液和保温漏斗用小火加热，保持微沸。热过滤时一般不要用玻璃棒引流，以免加速降温；接收滤液的容器内壁不要贴紧漏斗颈，以免滤液迅速冷却析出晶体，堵塞漏斗口，使之无法过滤。

若操作顺利，只会有少量结晶在滤纸上析出，可用少量热溶剂洗下，也可弃之，以免得不偿失。若结晶较多，可将滤纸取出，用刮刀刮回原来的瓶中，重新进行热过滤。滤毕，将溶液加盖放置，自然冷却。

进行热过滤操作要求准备充分，动作迅速。

(4)滤膜过滤：是选择合适孔径及材质的微孔性滤膜材料，配合针筒吸取相关溶液，挤压针筒使滤液通过滤膜，从而达到固液分离。

### 3. 离心分离法

离心分离法常用的仪器是电动离心机。其操作是将盛有沉淀和溶液的悬浊液的离心管放入匹配的离心机的试管套内。为保持平衡，在与此对称的另一支试管套内也放一支盛有等体积水的离心管，盖上离心机盖子，将离心机变速器调至相应转速运转。离心结束后，让其自然停止。离心沉降后，取出离心管，用干净吸管小心吸出清液，用 2~3 倍于沉淀量的洗涤液洗涤沉淀，充分摇动，再进行离心分离。如此操作 2~3 次。

## 九、溶解与结晶

固体物质以晶体状态从溶液中析出是常用的一种物质提纯办法。首先需要将固体溶解。固体颗粒较大时，在溶解前应先进行粉碎。固体粉碎应在干燥、洁净的研钵中进行，且固体量不超过研钵容量的 2/3。然后选择合适的有机或无机溶剂将固体溶解，常用搅拌和加热等方法加快溶解速度。加热过程应注意被加热物质的稳定性和挥发性而选择不同的加热方法。

固体结晶是在过饱和溶液中进行的。获取过饱和溶液通常可以通过 3 种途径：一是蒸发溶剂；二是降低溶液温度，使溶质溶解度下降，达到过饱和状态，溶质结晶析出；三是改变溶剂，加入溶质溶解性差的其他溶剂，降低其溶解性。

### 1. 蒸发溶剂

蒸发溶剂一般在水浴上进行，若溶液太稀，也可以在石棉网上直接加热蒸发，再在水浴上进行。常用的蒸发容器是蒸发皿，蒸发皿内所盛液体的量不应超过其容量的 2/3。当溶液表面有大量细小晶粒出现时，应该用玻璃棒不停搅拌，以免溶液飞溅，并不断将蒸发皿壁上先析出的结晶转移到溶液中。

随着溶剂的不断蒸发，溶液逐渐被浓缩，浓缩到什么程度，则取决于溶质溶解度大小及杂质的多少。如果溶质的溶解度小或其他杂质量多，则蒸发到一定程度即可停止；如果溶解度较大或其他杂质量少，则可以适当延长蒸发时间。此外，需要获取较大晶体时不宜过度浓缩。

### 2. 降低溶液温度

一般溶剂，温度升高时溶质在其中溶解度增大，温度降低时溶质溶解度减小。把待提纯物质加入适量溶剂，加热使之完全溶解，滤去不溶物后，进行蒸发浓缩。浓缩到一定浓度的溶液，经冷却就会析出溶质的晶粒。析出晶粒的大小与条件有关。结晶速度快，晶粒小，反之晶粒大。影响结晶速度的原因有溶液的过饱和度，溶质的溶解度，冷却速度，晶核多少等。

### 3. 改变溶剂

降低温度及蒸发浓缩均属慢速晶粒生长过程。改变溶液性质可以使溶液迅速达到过饱和状态，晶粒迅速生长。在溶液中加入与原溶剂互溶的另一种溶剂，第二种溶剂不溶解其溶质，导致溶质在混合溶剂迅速析出。改变溶剂，所得晶体因快速生长晶粒较细，不易观察晶体形貌。

当单次结晶所得物质的纯度不符合要求时，可以重新加入溶剂溶解，进行多次结晶。多次结晶的产物纯度提高，但产率降低。

## 十、试纸的使用

试纸可以方便地定性或半定性检验物质的性质与浓度。其操作简单，使用方便。试纸种类很多，实验室常用的有 pH 试纸、石蕊(红色、蓝色)试纸、淀粉碘化钾试纸、醋酸铅(或硝酸铅)试纸、品红试纸。特殊用途的试纸有抗原检测试纸、荧光检测试纸、金标法试纸等。

**1. 试纸的种类**

(1)pH 试纸：用于粗略测量溶液 pH 值大小(或酸碱性强弱)。一般有两类：一类是广泛 pH 试纸，变色范围在 1~14，用于粗略检验溶液的 pH 值，颜色：赤(pH=1 或 2)、橙(pH=3 或 4)、黄(pH=5 或 6)、绿(pH=7 或 8)、青(pH=9 或 10)、蓝(pH=11 或 12)、紫(pH=13 或 14)。另一类是精密 pH 试纸，这类试纸在 pH 值变化较小时就有明显的颜色变化，它可以较精细地检验溶液的 pH 值。

(2)石蕊(红色、蓝色)试纸：可以用于定性检验气体的酸碱性。酸性气体能使蓝色石蕊试纸变红色；碱性气体能使红色石蕊试纸变蓝色。

(3)淀粉碘化钾试纸：用于定性地检验氧化性物质的存在。遇较强的氧化剂时，$I^-$ 被氧化成 $I_2$，$I_2$ 与淀粉作用而使试纸显示蓝色。能氧化 $I^-$ 的常见氧化剂有：氯和溴蒸气(或它们的溶液)，还有铬酸钾、高锰酸钾、碘酸钾、溴酸钾及 $Fe^{3+}$、$Cu^{2+}$ 等。

(4)醋酸铅(或硝酸铅)试纸：用于定性地检验硫化氢和含硫离子的溶液。遇硫化氢气体或硫离子时，因生成黑色的 PbS 沉淀而使试纸变黑色。

(5)品红试纸：用于定性地检验某些具有漂白性的物质存在。遇到 $SO_2$、$Cl_2$ 等有漂白性的物质时会褪色(变白)。

**2. 试纸的使用方法**

(1)检验溶液的性质：取一小块试纸在表面皿或玻璃片上，用沾有待测液的玻璃棒或胶头滴管点于试纸的中部，观察颜色的变化，判断溶液的性质。

(2)检验气体的性质：先用蒸馏水把试纸润湿，粘在玻璃棒的一端，用玻璃棒把试纸靠近气体，观察颜色的变化，判断气体的性质。

(3)注意事项：①试纸不可直接伸入溶液。②试纸不可接触试管口、瓶口、导管口等。③测定溶液的 pH 值时，试纸不可事先用蒸馏水润湿，因为润湿试纸相当于稀释被检验的溶液，这会导致测量不准确。正确的方法是用蘸有待测溶液的玻璃棒点滴在试纸的中部，待试纸变色后，再与标准比色卡比较来确定溶液的

pH 值。④取出试纸后，应将盛放试纸的容器盖严，以免被实验室的一些气体沾污。

## 十一、思考题

1. 移液管和吸量管洗涤包括哪几步？
2. 按纯度高低化学试剂可以分为哪几类？标签各采用什么颜色？

# 第二章　普通化学实验常用仪器与方法

## 一、加热仪器

加热是化学实验中的重要操作。加热设备可分为火焰加热(如酒精灯、酒精喷灯、煤气灯等)、电加热(如电加热套、磁力加热搅拌器、马弗炉、管式炉、电加热板等)、介质加热(如水浴、油浴、沙浴等)和辐射加热(如微波炉、红外灯等)。

### (一)火焰加热

酒精灯、酒精喷灯和煤气灯是实验室常用的加热器具。酒精灯的加热温度一般可达 400~500℃;酒精喷灯和煤气灯加热温度可达 700~1 000℃。酒精灯常用于一般加热,酒精喷灯和煤气灯常用于灼烧、弯管等简单玻璃加工操作。

#### 1. 酒精灯

(1)酒精灯的构造:酒精灯一般是由玻璃制成的。它由灯壶、灯帽和灯芯构成(图 2-1)。酒精灯的火焰分为焰心、内焰和外焰三部分(图 2-2)。内层为焰心,温度最低;中层为内焰(还原焰),由于酒精蒸气燃烧不完全,并分解为含碳的产物,所以这部分称为还原焰;外层为外焰(氧化焰),酒精蒸气能完全燃烧,一般认为温度最高。

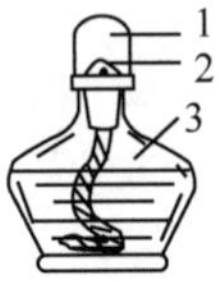

图 2-1　酒精灯的构造
1. 灯帽　2. 灯芯　3. 灯壶

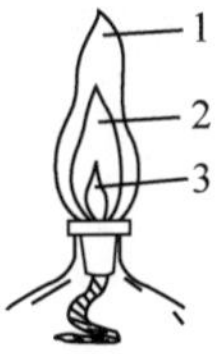

图 2-2　酒精灯的火焰
1. 外焰　2. 内焰　3. 焰心

(2)酒精灯的使用方法:①新购置的酒精灯应首先配置灯芯。灯芯通常是用多股棉纱拧在一起或编织而成的,它插在灯芯瓷套管中。灯芯不宜过短,一般浸入酒精后还要长 4~5 cm。酒精灯的灯芯要平整,如已烧焦或不平整,要用剪刀修整。②对于长时间放置未使用的酒精灯,使用前,应先取下灯帽,提起灯芯瓷套管,用洗耳球或嘴轻轻地向灯壶内吹几下以赶走其中聚集的酒精蒸气,防止酒精灯爆炸。③添加酒精时需要先将酒精倒入烧杯,再用玻璃漏斗往酒精灯灯壶中添加(图 2-3),且酒精体积不超过酒精灯容积的 2/3,不少于 1/4。绝对禁止向燃着的酒精灯里添加酒精,以免失火。④用火柴或打火机点燃酒精灯,绝对禁止用酒精灯引燃另一只酒精灯(图2-4)。⑤用完酒精灯，必须用灯帽盖灭，不可用嘴去吹。灯帽要盖2次，防止下次用时打不开。⑥要小心使用酒精灯，一旦酒精洒出在实验台上燃烧，应立即用湿布或沙子扑盖灭火。⑦有侧风时，需要用护板遮挡酒精灯，防止酒精灯的外焰受到侧风影响进入灯内引起爆炸。

图2-3　添加酒精

图2-4　点燃酒精灯

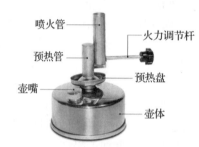
图2-5　酒精喷灯的构造

**2. 酒精喷灯**

(1)酒精喷灯的构造：酒精喷灯由壶体、预热管、喷火管等部分组成，其构造如图2-5所示。

(2)酒精喷灯的使用方法：①使用酒精喷灯时，先用捅针捅一捅酒精蒸气出口，以确保出气口畅通。②用小漏斗向酒精壶内添加酒精，酒精壶内的酒精以不超过酒精壶容积(座式)的2/3为宜。③往预热盘里注入一些酒精，点燃酒精使灯管受热，待酒精接近燃完且在灯管口有火焰时，上下移动空气调节器调节火焰为正常火焰(图2-6)。④座式酒精喷灯连续使用不能超过30 min，如需长时间使用，须暂时熄灭喷灯，待冷却后，添加酒精再继续使用。⑤用毕后，用石棉网或硬质板盖灭火焰，也可以用空气调节器来熄灭火焰。⑥长期不用时，须将酒精壶内剩余的酒精倒出。若酒精喷灯的酒精壶底部凸起时，不能再使用，以免发生事故。

正常火焰
1. 外焰(温度700~1 000℃)
2. 内焰　3. 焰心　4. 最高温度点

临空火焰
酒精蒸气量和空气量都过大

侵入火焰
酒精蒸气量小，空气量大

图2-6　灯焰的几种情况

**3. 煤气灯**

若实验室引入了煤气，可以用煤气灯加热。

(1)煤气灯的构造：煤气灯由连有煤气入口管的灯座、螺丝栓、下部有小孔的金属灯管等组成(图2-7)。旋转螺丝栓可调节进入灯座内的煤气量。旋转金属灯管可调节进入灯座的空气量，以达到控制火焰温度的作用。

（2）煤气灯使用方法：①开煤气管阀门前，先确保煤气灯的空气和煤气入口关闭。②点煤气灯时，先擦燃火柴，移近灯口，再慢慢打开煤气灯螺丝栓。注意：一定先点火后开煤气阀门。③调节空气和煤气的进入量，使二者的比例合适，形成分层的正常火焰。④煤气灯使用完毕，应先关闭煤气管阀门，使火焰熄灭，再将煤气灯螺丝栓和灯管旋紧。

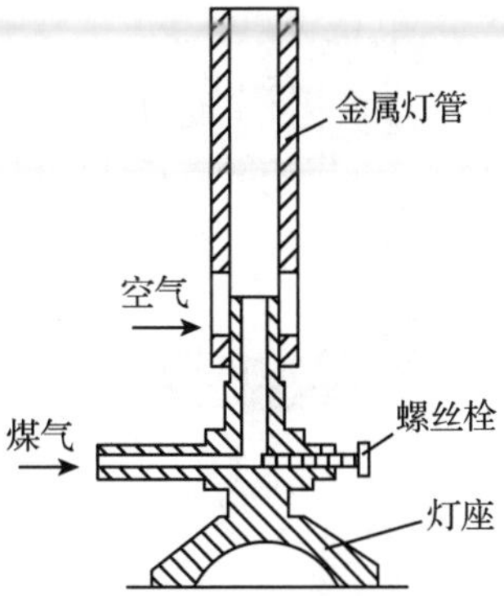

图 2-7　煤气灯构造

（3）使用注意事项：①如果空气或煤气的进入量调节的不合适，将会产生不正常火焰（图 2-6）。当空气不合适产生不正常火焰时，应关闭煤气开关，重新调节进气量，然后点燃。切忌立刻用手去调节灯管，以免烫伤。②煤气灯在使用过程中，有时煤气量会因某些原因而突然减少，从而产生侵入火焰，这种现象称为"回火"。遇到这种情况，应将煤气关闭，经调节后再点燃。③煤气灯用毕，应及时关闭煤气开关。④煤气灯使用久了，煤气龙头和煤气灯内的孔道已被堵塞。可把金属灯管和螺丝栓取下，用细铁丝畅通孔道。堵塞严重时，可用苯洗去煤焦油。

### （二）电加热

**1. 电加热套**

电加热套（图 2-8）是一种实验室通用加热仪器，由无碱玻璃纤维和金属加热丝编制的半球形加热内套和控制电路组成，常用于加热液体、蒸馏操作等，具有升温快、加热均匀、无明火、使用安全等优点。加热温度最高可达 450～500℃。有 250 mL、500 mL、1 000 mL 等多种规格。使用时根据容器的大小选择合适的型号，并注意容器应悬在电加热套的中央（通过热空气加热），不能接触加热套的内壁，防止过热和受热不均。

**2. 磁力加热搅拌器**

磁力加热搅拌器常用于各种需要加热和搅拌的化学反应。当使用本仪器时，首先检查整机配件是否齐全，然后按顺序先装好夹具，再向容器中放入搅拌子、加入溶液，把容器放在磁力加热搅拌器镀铬盘正中。插上仪器接插的电源插头，接通电源，打开电源调速开关，指示灯亮，即开始工作，调速由低速逐步调至高速，不允许高速挡直接起动，以免搅拌子不同步引起跳动。为确保安全，不搅拌时不能加热，不工作时应切断电源。仪器应保持清洁干燥，严禁溶液进入仪器内，以免损坏机件。

**3. 马弗炉、管式炉**

马弗炉（图 2-8）、管式炉都是高温加热炉，用于灼烧试样。温度可达 1 000～1 300℃。

电加热套      马弗炉        电加热板

**图 2-8　电加热设备**

此外，电加热还有电烘箱、真空烘箱等设备，用于烘干容器或药品。

**4. 电加热板**

电加热板是实验室常用的加热仪器。工作面板可以由铸铁板(最高温度420℃)、不锈钢板(最高温度380℃)或铝合金及特殊防腐材料(最高温度220℃)组成，应该在规定的最高温度以下使用。根据加热面的大小不同，其功率差别很大，一般为 800~3 600 W。

**(三) 介质加热**

介质加热是将容器放入装有不同介质的另一个容器中，热源将热能通过介质传递给待加热物质的加热方式。介质加热受热均匀、受热面大，可防止局部过热。根据需要的温度不同，常用的介质加热有水浴、油浴、沙浴、空气浴。其中，最常用的是水浴和油浴。

**1. 水浴**

加热温度不超过100℃。水浴加热可在电水浴锅、烧杯等容器中进行。需要恒温的操作可在恒温水浴锅和水浴槽中进行。注意及时向盛水容器中补充水，切勿干烧。

**2. 油浴**

常用于有机合成反应。根据介质油的沸点和闪点不同，油浴加热温度为100~250℃。常用的油有石蜡油和硅油。使用时将油放入油浴锅或者油浴缸中操作。为了精确控温，常采用接点温度计和电子继电器来控制。使用油浴加热时，注意不要将水带入油浴中，防止油滴飞溅造成烫伤或引起火灾。

**(四) 辐射加热**

辐射加热最常用的是微波加热。微波加热具有升温迅速、加热均匀的特点。

## 二、称量仪器

台秤和分析天平是实验室常用的称量仪器。台秤用于粗略的称量，分析天平用于准确称量。在实验中，根据对质量的准确度要求不同，选用不同类型的称量仪器。台秤的准确度可达到 0.1 g，如果需要更精确的准确度，则需要分析天平，其准确度可达到 0.000 1 g。

## （一）台秤

### 1. 台秤的原理与构造

台秤分为机械台秤和电子台秤。机械台秤又称托盘天平，是根据杠杆原理设计制造的。电子台秤利用压力传感器的原理制造，称量时常用的键有开启（ON）键、关闭（OFF）键和清零（TARE）键。电子台秤具有自动校正、自动去皮、自动显示称量结果、超载显示等功能，使用方便。具体构造如图 2-9 所示。

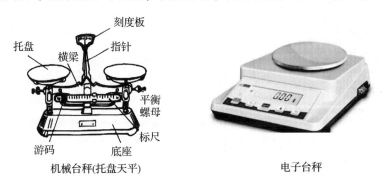

图 2-9 台秤

### 2. 台秤的使用方法

机械台秤使用时要水平放置，称量前游码要指向红色零点刻度线，然后调节平衡螺母（天平两端的螺母）调节零点直至指针对准中央刻度线。称量时，左托盘放称量物，右托盘放砝码。根据称量物的性状应放在玻璃器皿或洁净的纸上，事先应在同一台秤上称得玻璃器皿或纸片的质量，然后称量待称物质。添加砝码从估计称量物的最大值加起，逐步减小。加减砝码并移动标尺上的游码，直至指针再次对准中央刻度线。物体的质量等于砝码的总质量加上游码在标尺上所对的刻度值。取用砝码必须用镊子，取下的砝码应放在砝码盒中，称量完毕，应把游码移回零点，使台秤复原，保持干净整洁。

电子台秤的使用过程如下：按下"ON"键，开启显示屏，等待仪器自检；当显示器显示零时，自检过程结束，天平可进行称量；放置称量纸，按显示屏上的"TARE"键清零，待显示器显示零时，在称量纸上放所要称量的试剂称量；称量完毕，按"OFF"键，关闭显示器。

注意事项：过冷、过热的物体不可放在天平上称量。应先在干燥器内放置至室温后再称。称量干燥的固体药品时，应在两个托盘上各放一张相同质量的纸，然后把药品放在纸上称。易潮解的药品，必须放在玻璃器皿上（如小烧杯、表面皿）称量。砝码若生锈，测量结果偏小；砝码若磨损，测量结果偏大。

## (二)分析天平

### 1. 分析天平的原理与构造

分析天平主要有半自动电光天平、全自动电光天平和电子分析天平3种。其

中,最新一代的电子分析天平(图2-10)是利用电磁力平衡原理制成的,由于它具有性能稳定、灵敏度高、操作方便快捷、精密度高、自动校正、全量程范围实现去皮重、累加、超载显示等优点,目前被广泛使用。

### 2. 电子分析天平的使用方法

首先要检查并调整天平至水平位置,查看水平仪中气泡是否处于圆圈中央,如果没有,需要调节水平调节螺丝至天平水平。检查电源电压是否匹配(必要时配置稳压器),按仪器说明书要求通电预热至所需时间,按"ON"键打开天平,天平自动进行灵敏度及零点调节。待稳定标志显示后,可进行正式称量。称

图 2-10　电子分析天平

量时,将洁净称量瓶或称量纸置于称盘上,关上侧门,轻按一下"TARE"键,天平将自动校对零点,然后加入待称物质,关上侧门,数据稳定后读数并记录。称量结束应及时取出称量瓶(纸),关上侧门,切断电源,并对使用情况进行登记。

注意事项:天平应放置在牢固平稳水泥台或木台上,室内要求清洁、干燥及较恒定的温度,避免光线直接照射到天平上。称量时应从侧门取放物质,读数时应关闭侧门以免空气流动引起天平摆动。前门仅在检修或清除残留物质时使用。电子分析天平若长时间不使用,则应定时通电预热,每周一次,每次预热 2 h,以确保仪器始终处于良好状态。天平箱内应放置吸潮剂(如硅胶),当吸潮剂吸水变色,应立即高温烘烤更换,以确保吸湿性能。挥发性、腐蚀性、强酸强碱类物质应盛于带盖称量瓶内称量,防止腐蚀天平。

## (三)称量方法

### 1. 直接称量法

称量没有吸湿性并且在空气中稳定的固体试样,可用直接称量法。先准确称出洁净容器的质量,然后用药匙取适量的试样加入容器中,称出它的总质量。两次质量的数值之差,就是试样的质量。

### 2. 减量法

在分析天平上称量一般用减量法。先称出试样和称量瓶的精确质量,然后将称量瓶中的试样倒一部分在待盛试样的容器中,到估计量和所求量相接近。倒好试样后盖上称量瓶,放在天平上再精确称出它的质量。两次质量的差数就是试样的质量。如果一次倒入容器的药品太多,必须弃去重称,切勿放回称量瓶。如果倒入的试样不够可再加一次,但次数宜少。

### 3. 指定法

对于性质比较稳定的试样，有时为了便于计算，可称取指定质量的样品。用指定法称量时，在天平盘的两边各放一块表面皿(它们的质量尽量接近)，调节天平的平衡点在中间刻度左右，然后在左边天平盘内加上固定质量的砝码，在右边天平盘内加上试样(这样取放试样比较方便)，直至天平的平衡点达到原来的数值，这时，试样的质量即为指定的质量。

## 三、酸度计

### (一)酸度计的原理和构造

酸度计又称 pH 计，是用来精密测量液体介质酸碱度值的一种常用仪器设备，它是以能斯特方程为理论基础而设计制造的，所测量的 pH 值是一种溶液酸碱度的表示方法，即溶液中的氢离子浓度的负对数，即

$$pH = -\lg c(H^+)$$

酸度计由电极和电流计两部分组成，在使用过程中，电极和被测溶液构成原电池，溶液中的氢离子浓度转换成 mV 级电压信号，送入电流计，电流计将该信号放大，并经过对数转换为 pH 值，然后由毫伏级显示仪表显示出 pH 值。电极主要包括指示电极和参比电极。指示电极对溶液内的氢离子敏感，以氢离子的变化而反映出电位差，常用的指示电极有玻璃电极、氢电极、氢醌电极、锑电极等。参比电极主要指外参比电极，它的作用是提供恒定的电位，作为偏离电位的参照，最常用的外参比电极有银/氯化银参比电极、甘汞参比电极等。

一般的酸度计所使用的 pH 指示电极是玻璃电极和参比电极组合在一起的塑料壳可充式复合电极(图 2-11)，它的端部是吹成泡状的、对于 pH 值敏感的玻璃膜，管内填充有参比溶液，pH = 7。存在于玻璃膜两面的反映 pH 值的电位差用 Ag/AgCl 传导系统导出。因此，玻璃电极是 pH 值测量电极，它可产生正比于溶液 pH 值的 mV 电势，pH = 7 时，此电势为 0 mV，+mV 对应酸性 pH 值，-mV 对应碱性 pH 值，测量范围在 0~14。

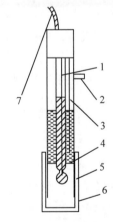

**图 2-11　pH 复合电极**
1. pH 玻璃电极　2. 胶皮帽　3. Ag/AgCl 参比电极
4. 参比电极底部陶瓷芯　5. 塑料保护栅
6. 塑料保护帽　7. 电极引出端

### (二)酸度计的使用方法

测定前：先取下复合电极套并用蒸馏水清洗电极，再用滤纸吸干。然后打开

电源预热 30 min(短时间测量时,一般预热不短于 5 min;长时间测量时,最好预热在 20 min 以上,以便使其有较好的稳定性)。一般酸度计在使用前需要进行标定操作,由于各种酸度计的标定操作方法不尽相同,在此不详细介绍,使用时可参考随仪器配套的使用说明书进行操作。

测定溶液 pH 值:先后用蒸馏水和被测溶液各清洗电极 1 次。然后把电极浸入被测溶液中,待读数稳定后读出 pH 值。测定结束后,需要用蒸馏水清洗电极并用滤纸吸干,然后套上放有少量补充液的复合电极套,拔下复合电极,接上短接线,以防灰尘进入,影响测量准确性,最后关机并切断电源。

注意事项:①pH 电极存放时应将复合电极的玻璃探头部分套在盛有 3 mol/L KCl 溶液的塑料套内。②玻璃电极的玻璃球泡玻璃膜极薄,容易破碎,切忌与硬物相接触。蒸馏水洗涤后,以滤纸吸干,勿用力擦拭玻璃薄膜。③因酸度计不同,在使用上可能略有差异,因此在使用前需要仔细阅读使用说明书。

## 四、离心机

### (一) 离心机的原理及分类

离心机是利用离心力使需要分离的不同物质得以分离的仪器,广泛应用于石油化工行业、食品行业、生物制药行业、矿产煤炭行业及水处理行业等。

离心机通常分为低速离心机、高速离心机、超高速离心机。化学实验最常用的是低速离心机和高速离心机。除了按转速分类以外,依据温度控制不同,离心机可分为冷冻离心机和普通离心机。

选择离心机时,可根据需要选择合适容量、合适转速、合适温度控制的离心机。例如,为了满足蛋白质等的分离要求,可选用高速冷冻离心机;需要微量、快速离心时,可使用手掌型离心机。

### (二) 离心机的使用方法

(1)插好电源。

(2)将试样倒入离心管中,将离心管对称放入离心套管,维持离心机平衡。若只有一支样品管,另外一支要用等质量的水代替。

(3)设定转速和时间。

(4)打开离心机开关,让离心机开始运转。

(5)离心结束后,先关闭离心机,待离心机停止转动后,方可打开离心机盖,取出样品,不可用外力强制其停止转动。

(6)关掉电源,拔下电源线。

离心机使用注意事项:①离心机应放置在水平坚固的地板或平台上,并力求使机器处于水平位置以免离心时造成机器振动。②电动离心机如有噪声或机身振动时,应立即切断电源。③启动离心机时,应盖上离心机顶盖后,方可慢慢启动。④分离结束后，先关闭离心机，在离心机停止转动后，方可打开离心机盖，取出样品。⑤离心过程中，实验人员不得随意离开，应不时观察离心机是否正常运行，若发现异常现象应立即关闭电源，停机检查，及时排除故障。

## 五、分光光度计

### (一)分光光度计的原理

分光光度计是利用物质对光的选择性吸收对物质进行定性和定量分析的仪器。分光光度法定量分析的依据是朗伯－比耳定律(Lambert-Beer)，即光吸收定律。根据该定律，当入射光波长一定、溶液温度及比色皿厚度(吸收光程)均一定时，溶液的吸光度 $A$ 只与吸光物质的浓度 $c$ 成正比。用公式表示为

$$A = -\lg T = \varepsilon bc$$

式中：$A$——吸光度；

$\quad\quad T$——透过率；

$\quad\quad \varepsilon$——摩尔消光系数；

$\quad\quad b$——比色皿厚度；

$\quad\quad c$——溶液的浓度。

### (二)可见分光光度计的构造及使用方法

可见分光光度计是实验室常用的分析测量仪器，有 721 型、722 型等多种型号。这里以 721 型为例介绍。

721 型分光光度计测定波长范围 360~800 nm。其使用方法如下：

**1. 预热仪器**

为使测定稳定，将电源开关打开，使仪器预热 20 min。注意：预热仪器以及不测定时应将比色皿暗箱盖打开使光路切断，防止光电管疲劳。

**2. 选定波长**

转动波长调节器，使指针指示所需要的单色光波长。

**3. 调节 T=0%**

打开吸收池暗室盖(光门自动关闭)，使读数模式调至[T]上，调节[0%T]旋钮，使数字显示"00.0"。

**4. 调节 T=100%**

轻轻盖上吸收池盖(将参比溶液置于光路)，调节透光率[100% T]旋钮，使数字显示为"100.0"。

**5. 测定**

使读数模式调至[A]，轻轻拉动比色皿座架拉杆，使被测溶液进入光路，此时显示屏所示数据为该溶液的吸光度 $A$。

**6. 关机**

测量完毕，取出比色皿洗净、晾干，存于专用盒内。关闭电源开关，拔下电

源插头，盖上防尘罩，填写使用记录。

721型分光光度计使用注意事项：①为了防止光电管疲劳，不测定时必须将比色皿暗箱盖打开，使光路切断，以延长光电管使用寿命。②比色皿使用时应注意配套使用；拿取比色皿时手指不能接触其透光面；装溶液时，先用该溶液润洗比色皿内壁2~3次，被测溶液以装至比色皿的3/4高度为宜，并用滤纸轻轻吸去比色皿外部的液体，再用擦镜纸小心擦拭透光面，直到洁净透明。③测定系列溶液时，通常按由稀到浓的顺序测定。④实验完毕，及时把比色皿洗净、晾干，放回比色皿盒中。

# 第三章　实验数据处理

## 一、实验记录及有效数字

### (一) 实验记录

要做好实验，除了安全、规范操作外，在实验过程中还要认真仔细地观察实验现象，对实验全过程进行及时、全面、真实、准确的记录。实验记录一般要求如下：

(1) 实验记录的内容包括：时间、地点、室温、气压、实验名称、同组人姓名、操作过程、实验现象、实验数据、异常现象等。

(2) 实验记录应有专门的实验记录本，不得将实验数据随意记在单页纸、小纸片上或其他任何地方。记录本应标明页数，不得随意撕去其中的任何一页。

(3) 实验过程中的各种测量数据及有关现象的记录，应及时、准确、清楚。不要事后根据记忆追记，造成错记或漏记。在记录实验数据时，一定要持严谨的科学态度，实事求是，切忌带有主观因素，更不能为了追求得到某个结果，擅自更改数据。

(4) 实验记录上的每一个数据，都是测量结果，因此在重复测量时，即使数据完全相同，也应记录下来。

(5) 所记录数据的有效数字应体现出实验所用仪器和实验方法所能达到的准确度。

(6) 实验记录切忌随意涂改，如发现数据测错、读错等，确需改正时，应先将错误记录用一斜线划去，再在其下方或右边写上修改后的内容。

(7) 实验过程中涉及的仪器型号、标准溶液的浓度等，也应及时准确记录下来。

(8) 记录应简明扼要、字迹清楚。实验数据最好采用表格形式记录。

### (二) 有效数字

科学实验要获得可靠的结果，不仅要正确地选用实验方案和实验仪器，准确地进行测量，还必须正确记录和运算。实验所获得的数据不仅表示数量的大小，同时还反映了测量的准确程度。因此，在实验数据的记录和结果的计算中，保留几位数字不是任意的，要根据测量仪器及分析方法的准确度来决定。这就涉及有

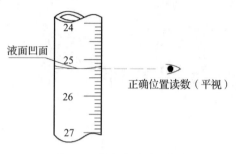

液面凹面

正确位置读数（平视）

图 3-1　装有溶液的滴定管

效数字的概念。

**1. 有效数字**

在科学实验中，对于任一物理量的测定，其准确度都是有一定限度的，读数时，一般都要在仪器最小刻度后再估读一位。如图 3-1 所示，用最小刻度为 0.1 mL 的滴定管测量体积在 25.2 mL 与 25.3 mL 之间的溶液，不同的人读取的数字可能不完全一致，可以是 25.25 mL 或 25.26 mL 等。这些读数中，前三位数字都是很准确的，而最后一位是从滴定管的最小分刻度间估读出来的，所以稍有差别。因此，把最后一位数字称为可疑数字。可疑数字虽然具有一定的不确定性，但它不是凭空臆造出来的，它所表示的量是客观存在的，只不过受到仪器、量器刻度的准确程度的限制而不能对它准确认定，在估读时受到实验者主观因素的影响而略有差别，因而也是具有实际意义、有效的，记录数字时应该保留它。对于可疑数字，除非特别说明，通常可以理解为它有 ±1 个单位的误差。因此，由若干位准确的数字和一位可疑数字(末位数字)所组成的测量值都是实验中实际能够测出的数字，都是有效的，称为有效数字。

有效数字不仅表示数量的大小，也反映了测量的准确度和误差。例如，用分析天平称取 0.500 0 g 试样，数据中最后一位是可疑数字，表明试样的实际质量是在 0.500 0 g±0.000 1 g 范围的某一数值，测量的相对误差为 (±0.000 1/0.500 0)×100% = ±0.02%。如用台秤称取 0.5 g 试样，则表明试样的实际质量是在 0.5 g±0.1 g 范围内，测量的相对误差为(±0.1/0.5)×100% = ±20%，测量的准确度要比分析天平差得多。在根据仪器实际具有的准确度读数和记录实验结果的有效数字时，记录下准确数字后，一般再估读一位可疑数字就够了，多读或少读都是错误的。如将分析天平称取试样结果记作 0.500 g，则意味着试样的实际质量是在 0.500 g±0.001 g 范围的某一数值，测量的相对误差为(±0.001/0.500)×100% = ±0.2%，则将测量的准确度无形中降低了一个数量级，显然是错误的。如将结果记作 0.500 00 g，则又夸大了仪器的准确度，也是不正确的。当使用准确度较高的容量器皿(滴定管、容量瓶和移液管等)度量溶液的体积时，数据应记到小数点后面两位，如 20.00 mL，而不应写成 20 mL，否则会使人误解是量筒量取时的溶液体积。滴定管的初始读数为零时，应记作 0.00 mL，而不是 0 mL。确定有效数字位数时，应遵循下面几条原则：

(1)数字"0"在有效数字中位置不同，意义不同。当"0"在有效数字中间或有小数的数字末位时均为有效数字，数字末位的"0"说明仪器的准确度。例如，滴定管读数为 20.40 mL，两个"0"都是有效数字，这一数据的有效数字为四位，末位的"0"是可疑数字，它说明滴定管最小刻度为 0.1 mL。当"0"在数字前表示小数点位数时只起定位作用，不是有效数字。如 20.40 mL 若改用 L 为单位时记为

0.020 40 L，则前面的两个"0"只起定位作用，不是有效数字，有效数字位数仍为四位。另外还应注意，以"0"结尾的正整数，有效数字位数比较含糊，如2 200 有效数字的位数可能是四位，也可能是二位或三位，对于这种情况，应根据实际测定的准确度，以指数形式表示为 $2.2×10^3$、$2.20×10^3$ 或 $2.200×10^3$，则有效数字位数就明确了。

（2）单位变换，有效数字的位数不变。例如，0.034 5 g 是三位有效数字，用毫克（mg）表示时应为 34.5 mg，用微克（μg）表示时则应写成 $3.45×10^4$ μg，不能写成 34 500 μg，因为这样表示比较模糊，有效数字位数不确定。

（3）计算中遇到倍数、分数关系，因为这些数据不是测量得到的，计算时可以视为它们的有效数字位数没有限制。对于像 π、e 及手册上查到的常数等，可按需要取适当的位数。

（4）对于 pH、lg$K$ 等对数值，其有效数字位数取决于小数部分（尾数）数字的位数，其整数部分（首数）只代表该数的方次。例如，pH = 10.28 换算为 $H^+$ 浓度时，应为 $c(H^+) = 5.2×10^{-11}$ mol·$L^{-1}$，有效数字的位数是两位，不是四位。

表示误差时，无论是绝对误差或相对误差，只取一位有效数字。记录数据时，有效数字的最后一位与误差的最后一位在位数上相对齐。如 1.21±0.01 是正确的，1.21±0.001 或 1.2±0.01 都是错误的。

**2. 有效数字的修约规则**

在处理数据过程中，涉及各测量值的有效数字位数可能不同，须根据各步的测量准确度及有效数字的计算规则，按照"四舍六入五成双"的规则对数字进行修约，合理保留有效数字的位数，舍弃多余数字。修约规则具体做法是：拟保留 $n$ 位有效数字，第 $n+1$ 位的数字≤4 时舍弃；第 $n+1$ 位的数字≥6 时进位；第 $n+1$ 位的数字为 5 且 5 后的数字不全为零时进位；第 $n+1$ 位的数字为 5 且 5 后的数字全为零时，如进位后第 $n$ 位数成为偶数（含 0）则进位，奇数则舍弃。例如，1.144 4 修约后为 1.14；1.146 1 修约后为 1.15；1.135 1 修约后为 1.14；1.145 0 修约后为 1.14。

修约数字时，只允许对原测量值一次修约到所需的位数，不能分次修约。例如，将 2.549 1 修约为两位有效数字时，不能先修约为 2.55，再修约为 2.6，而应一次修约为 2.5。

## 二、有效数字的运算规则

在有效数字运算过程中，应先按有效数字运算规则将各个数据进行修约，合理取舍，再计算结果。既不能无原则地保留多位有效数字使计算复杂化，也不应随意舍去尾数而使结果的准确度受到损失。

**1. 加减运算**

几个数据相加或相减时，和或差所保留的有效数字的位数，应以运算数据中小数点后位数最少（即绝对误差最大）的数据为依据。例如：

$$2.011\ 3+31.25+0.357=?$$

3 个数据分别有 ±0.000 1、±0.01、±0.001 的绝对误差，其中 31.25 的绝对误差最大，它决定了和的绝对误差为 ±0.01，其他数对绝对误差不起决定作用，因此有效数字位数应以 31.25 为依据修约。先修约，后计算，可使计算简便。即

$$2.011\ 3+31.25+0.357=2.01+31.25+0.36=33.62$$

**2. 乘除运算**

几个数据进行乘除运算时，积或商的有效数字的保留，应以运算数据中有效数字位数最少(即相对误差最大)的数据为依据，与小数点的位置或小数点后位数无关。例如：

$$0.012\ 1\times25.64\times1.027=?$$

3 个数的相对误差分别为：( ±0.000 1/0.012 1)×100% = ±0.8%、( ±0.01/25.64)×100% = ±0.04%、( ±0.001/1.027)×100% = ±0.1%，其中 0.0121 的相对误差最大，其有效数字位数为三位，应以它为依据将其他各数分别修约为三位有效数字后再相乘，最后结果的有效数字仍为三位。即

$$0.012\ 1\times25.64\times1.027=0.012\ 1\times25.6\times1.03=0.139$$

此外，在乘除运算中，如果有效数字位数最少的数据的首位数字是 8 或 9，则通常该数的有效数字位数可多算一位。如 8.25、9.12 等，均可视为四位有效数字。

### 三、数据处理的常用方法

数据是表达实验结果的重要方式之一。除应正确地记录实验原始数据，还应对这些实验数据进行正确分析、运算，才能获得应有的结果。实验数据的表达方法主要有列表法和作图法。

### (一)列表法

列表法是表达实验数据最常用的方法之一。设计表格的原则是简单明了。将各种实验数据列入一种设计合理、形式紧凑的表格内，使全部实验数据一目了然，便于得出变量之间的关系以及变化的规律，以便进一步进行数据处理，有利于对获得的实验结果进行相互比较，有利于分析和阐明某些实验结果的规律性。一张完整的表格应包括表头名称、实验序号、项目、数据等几项内容。因此，做表格时应明确上述几点要求，根据不同的实验内容及要求分别列出自变量与因变量，做好记录，做出完整规范的表格。

### (二)作图法

作图法表示实验数据，能直接显示出自变量和因变量间的变化关系。从图上易于找出所需数据，还可用来求实验内插值、外推值、曲线某点的切线斜率、极值点、拐点及直线的斜率、截距等。因此，利用实验数据正确地作出图形是十分

重要的。

作图法常与列表法并用，作图前，往往先将实验测得的原始数据与处理结果用列表法表示，然后按要求作出有关图形。作图法也存在作图误差，要获得好的图解效果，首先要获得高质量的图形。

作图法的基本规则是：

(1)根据函数关系选择适当的坐标纸(如直角坐标纸、单对数坐标纸、双对数坐标纸、极坐标纸等)和比例，画出坐标轴，标明物理量符号、单位和刻度值，并写明测试条件。

(2)坐标的原点不一定是变量的零点，可根据测试范围加以选择。坐标分格最好使最低数字的一个单位可靠数与坐标最小分度相当。纵横坐标比例要恰当，以使图线居中。

(3)描点和连线：根据测量数据，用直尺和笔尖使其函数对应的实验点准确地落在相应的位置。一张图纸上画上几条实验曲线时，每条图线应用不同的标记如"+""×""·""Δ"等符号标出，以免混淆。连线时，要顾及数据点，使连线成光滑曲线(含直线)，并使数据点均匀分布在曲线(直线)的两侧，且尽量贴近曲线。个别偏离过大的点要重新审核，属过失误差的应剔去。

(4)标明图名：即做好实验图线后，应在图纸下方或空白的明显位置处，写上图的名称、作者和作图日期，有时还要附上简单的说明(如实验条件等)，使读者一目了然。作图时，一般将纵轴代表的物理量写在前面，横轴代表的物理量写在后面，中间用"~"连接。

### (三) 实验数据的一元线性回归分析及计算机处理法

#### 1. 一元线性回归分析

在化学实验中，经常使用校正曲线法来获得未知溶液的浓度。以吸光光度法为例，标准溶液的浓度 $c$ 与吸光度 $A$ 之间的关系，在一定范围内，可以用直线方程描述，即符合朗伯-比耳定律。但是由于测量仪器本身的精密度及测量的微小变化，即使同一浓度的溶液，两次测量的结果也不会完全一致。因此，各测量点对于以朗伯-比耳定律为基础所建立的直线，往往会有一定的偏离，这就需要用数理统计方法找出对各数据点误差最小的直线，即要对数据进行回归分析。最简单的单一组分测定的线性校正模式可用一元线性回归。一元线性回归方程为

$$y = a + bx \tag{3-1}$$

因变量 $y$ 和自变量 $x$ 可由实验测得。线性方程的截距 $a$ 与斜率 $b$，可通过对一组实验数据进行线性拟合得到，设一组实验数据为

$$x_1, x_2, \cdots, x_n$$
$$y_1, y_2, \cdots, y_n$$

根据最小二乘法原理可以导出：

$$a = \frac{\sum\limits_{i=1}^{n} x_i^2 \sum\limits_{i=1}^{n} y_i - \sum\limits_{i=1}^{n} x_i \sum\limits_{i=1}^{n} x_i y_i}{n \sum\limits_{i=1}^{n} x_i^2 - \left(\sum\limits_{i=1}^{n} x_i\right)^2} \tag{3-2}$$

$$b = \frac{n \sum\limits_{i=1}^{n} x_i y_i - \sum\limits_{i=1}^{n} x_i \sum\limits_{i=1}^{n} y_i}{n \sum\limits_{i=1}^{n} x_i^2 - \left(\sum\limits_{i=1}^{n} x_i\right)^2} \tag{3-3}$$

评价线性关系的好坏可用相关系数 $r$，$|r|$ 的值越接近 1，线性关系越好。

$$r = \frac{n \sum\limits_{i=1}^{n} x_i y_i - \sum\limits_{i=1}^{n} x_i \sum\limits_{i=1}^{n} y_i}{\sqrt{\left[n \sum\limits_{i=1}^{n} x_i^2 - \left(\sum\limits_{i=1}^{n} x_i\right)^2\right] \left[n \sum\limits_{i=1}^{n} y_i^2 - \left(\sum\limits_{i=1}^{n} y_i\right)^2\right]}} \tag{3-4}$$

例如，分光光度法测磷含量的实验，可将标准溶液的浓度(设为 $x$)和吸光度(设为 $y$)数据代入式(3-2)和式(3-3)中，求得线性回归方程的截距 $a$ 与斜率 $b$，再将待测样品溶液的吸光度值代入线性回归方程，即可求得样品溶液中磷的含量。

**2. 计算机数据处理法**

实验数据还可直接在计算机上进行处理。常见的数据处理软件有 Origin、Excel 等。以 Excel 处理上述实验数据为例，打开 Windows 操作系统，执行 Excel 应用程序，将实验所得标准溶液的吸光度与浓度数据分别填入第一列和第二列单元格，选定上述数据区域，用鼠标点击"图表向导"图标，选择 X-Y 散点图形中的非连线方式，点击"下一步"至"完成"，即可得到吸光度与浓度数据的散点图。选定这些点后，打开主菜单上的"图表"，选择"添加趋势线"，在"类型"对话框中选择"线性趋势分析"，在"选项"对话框中点击"显示公式"及"显示 R 平方值"复选框，然后点击"确定"，即可在上述 X-Y 散点图上出现一条回归直线、线性回归方程及相关系数。将样品的吸光度数据代入线性回归方程，即可得到样品中苯甲酸浓度。

除了 Excel 还可以使用 Origin 软件作图，Origin 因其功能强大、简单易学且兼容性好，已成为科技工作人员分析和处理实验数据的首选工具。以 Origin9.0 为例，首先在电脑上安装 Origin9.0 软件，双击打开软件后在工作簿窗口录入数据，A 列为 $X$ 轴录入浓度，B 列为 $Y$ 轴录入吸光度。数据录入完成后，选择 B 列数据，点击"2D Graph"工具栏中的"散点图"按钮得到二维散点图的图形窗口。使用命令菜单"Analysis/Fitting/Linear Fit/Open Dialog…"，在弹出的"Linear Fit"对话框中点击"OK"，得到拟合后的图形及数据。工作簿窗口保留了原始的数据，同时在新的 Sheet 窗口中给出了拟合后的数据。图形窗口保留了原始的散点图，也出现了拟合后的直线，同时给出了线性回归方程。将样品的吸光度数据代入线性回归方程，即可得到样品中苯甲酸浓度。

# 第四章 基础性实验

## 实验 1 硫酸铜的提纯

### 一、实验目的

1. 了解重结晶法提纯固体物质的原理和方法。

2. 掌握常压过滤、减压过滤以及称量、加热、溶解、过滤、蒸发、结晶等基本操作。

3. 了解溶液的酸碱度对金属离子水解反应的影响。

4. 了解 $Fe^{3+}$ 的定性鉴定。

### 二、实验原理

重结晶的方法是提纯固体物质常用的方法。它是利用不同物质在同一种溶剂中的溶解度不同和溶解度随温度的变化不同的性质，将含有不溶性杂质和可溶性杂质的物质提纯。

工业粗硫酸铜常采用铜矿石或铜精矿制取。其中，常含有泥沙等不溶性杂质及 $FeSO_4$、$Fe_2(SO_4)_3$ 等可溶性杂质。不溶性杂质可直接用过滤法除去。可溶性杂质 $Fe^{2+}$ 常用氧化剂 $H_2O_2$ 氧化成 $Fe^{3+}$，然后调节溶液的 pH 值（一般控制在 pH ≈ 4），使 $Fe^{3+}$ 水解成为 $Fe(OH)_3$ 沉淀而除去，反应如下：

$$2Fe^{2+}+H_2O_2+2H^+ =\!=\!=\!= 2Fe^{3+}+2H_2O$$

$$Fe^{3+}+3H_2O =\!=\!=\!= Fe(OH)_3\downarrow+3H^+$$

除去 $Fe^{3+}$ 后的滤液经蒸发、浓缩、冷却结晶、减压过滤（微量可溶性杂质留在母液中除去），即可制得五水硫酸铜晶体。

### 三、仪器、试剂与材料

**仪器**：台秤，药匙，烧杯（100 mL），玻璃棒，电加热板（酒精灯、三脚架、石棉网），漏斗和漏斗架（或铁圈），布氏漏斗，吸滤瓶，蒸发皿，坩埚钳，量筒（25 mL），抽气泵，表面皿，胶头滴管。

**试剂**：粗 $CuSO_4$（或工业 $CuSO_4$），$H_2O_2$（3%），$H_2SO_4$（1 mol · $L^{-1}$），NaOH

$(0.5 \ mol \cdot L^{-1})$。

材料：滤纸，pH试纸，称量纸。

## 四、实验步骤

### 1. 称量与溶解

用台秤称取 5.0 g 粗 $CuSO_4$ 放在 100 mL 烧杯中，用量筒取 20 mL 蒸馏水加入，再加入 2~3 滴 1 $mol \cdot L^{-1}$ $H_2SO_4$ 溶液，将烧杯放在电加热板上加热，并用玻璃棒不断搅拌，当 $CuSO_4$ 完全溶解立即停止加热。

### 2. 氧化及沉淀

在不断搅拌下，往溶液中滴加 1 mL 3%$H_2O_2$，加热，使 $Fe^{2+}$ 氧化成 $Fe^{3+}$；用 pH 试纸测试溶液 pH 值，边搅拌边逐滴加入 0.5 $mol \cdot L^{-1}$ NaOH 溶液，直到溶液 pH≈4，再加热片刻，静置使 $Fe(OH)_3$ 沉淀完全。

### 3. 常压过滤

按照常压过滤的要求，将上述溶液过滤到洁净的蒸发皿中，并用少量蒸馏水洗涤烧杯、玻璃棒及沉淀 2~3 次。

### 4. 蒸发浓缩

向滤液中滴加 1 $mol \cdot L^{-1}$ $H_2SO_4$ 酸化，调节溶液 pH 值至 1~2，先直接加热蒸发皿中液体至量较少时，改在石棉网上继续加热蒸发，并不断搅拌，当浓缩至液面出现一层晶膜时，立即停止加热，然后冷却至室温，观察 $CuSO_4 \cdot 5H_2O$ 晶体析出。

### 5. 减压过滤

将大小合适的滤纸(滤纸比漏斗内径略小)放入布氏漏斗中，用少量蒸馏水润湿，使滤纸紧贴布氏漏斗，调整布氏漏斗，使布氏漏斗下端斜口正对吸滤瓶支管方向，打开抽气泵开关。将蒸发皿中的晶体和滤液一起转移到布氏漏斗中，粘在蒸发皿和玻璃棒上的产品用一小片滤纸转移，抽滤至没有液滴滴下时，停止抽滤。将抽滤后的固体用玻璃棒转移到一张干净的滤纸上，轻轻挤压吸干残留的液体。用台秤称量，记录数据，计算产率。将 $CuSO_4 \cdot 5H_2O$ 产品回收到回收瓶中。

## 五、思考题

1. 加热浓缩 $CuSO_4$ 溶液时为什么要小火加热？加热过猛会出现什么现象？

2. 粗 $CuSO_4$ 中杂质 $Fe^{2+}$ 为什么要氧化为 $Fe^{3+}$ 后再除去？除去 $Fe^{3+}$ 时，为什么要调节溶液的 pH 值为 4 左右？pH 值太大或太小有什么影响？

3. 常压过滤后的 $CuSO_4$ 溶液为什么要先滴几滴 1 $mol \cdot L^{-1}$ $H_2SO_4$ 酸化，再加热蒸发？

4. $KMnO_4$、$K_2Cr_2O_7$、$H_2O_2$ 都可使 $Fe^{2+}$ 氧化为 $Fe^{3+}$，你认为本实验中选用哪种氧化剂较为合适？为什么？

实验 1
思考题参考答案

# 实验 2　粗食盐的提纯

## 一、实验目的

1. 了解盐类溶解度知识在无机物提纯中的应用。
2. 掌握化学法提纯粗食盐的原理和方法。
3. 掌握溶解、过滤、蒸发等实验操作技能。
4. 了解 $Ca^{2+}$、$Mg^{2+}$、$SO_4^{2-}$ 等离子的定性鉴定。

## 二、实验原理

氯化钠(NaCl)试剂由粗盐提纯而得。粗盐为海水或盐井、盐池、盐泉中的盐水经晾晒而成的结晶，即天然盐，是未经加工的大粒盐。盐中主要成分为NaCl，通常还含有泥沙等不溶性杂质及 $SO_4^{2-}$、$Ca^{2+}$、$Mg^{2+}$ 和 $K^+$ 等可溶性杂质。将粗食盐溶于水后，可以用过滤的方法将泥沙等杂质除去。对于可溶性离子，由于NaCl 的溶解度随温度的变化很小，不能用重结晶的方法纯化，要用化学法将可溶性的杂质转化为难溶物过滤除去。此方法的原理：先用稍过量的 $BaCl_2$ 与粗盐中的 $SO_4^{2-}$ 反应转化为难溶的 $BaSO_4$ 过滤除去；再用过量的 $NaCO_3$ 将 $Ca^{2+}$、$Mg^{2+}$ 及多余的 $Ba^{2+}$ 转化为碳酸盐沉淀过滤除去；最后用HCl除去过量的 $CO_3^{2-}$；$K^+$ 等可溶性杂质含量少，蒸发浓缩后不结晶，仍留在母液中，抽滤时除去。有关化学反应式如下：

$$Ba^{2+}+SO_4^{2-}\!=\!\!=\!\!=BaSO_4\downarrow$$
$$Ca^{2+}+CO_3^{2-}\!=\!\!=\!\!=CaCO_3\downarrow$$
$$2Mg^{2+}+2H_2O+3CO_3^{2-}\!=\!\!=\!\!=Mg_2(OH)_2CO_3\downarrow+2HCO_3^-$$
$$Ba^{2+}+CO_3^{2-}\!=\!\!=\!\!=BaCO_3\downarrow$$
$$CO_3^{2-}+2H^+\!=\!\!=\!\!=CO_2\uparrow+H_2O$$

## 三、仪器、试剂与材料

**仪器**：台秤，药匙，烧杯(100 mL)，玻璃棒，酒精灯，三脚架，漏斗和漏斗架(或铁圈)，布氏漏斗，吸滤瓶，抽气泵，蒸发皿，石棉网，坩埚钳，量筒(25 mL)。

**试剂**：粗食盐，$BaCl_2$(1 mol·$L^{-1}$)，$Na_2CO_3$(0.5 mol·$L^{-1}$)，NaOH(2 mol·$L^{-1}$)，HCl(2 mol·$L^{-1}$)，镁试剂，$(NH_4)_2C_2O_4$(0.5 mol·$L^{-1}$)。

**材料**：滤纸，pH试纸，称量纸。

## 四、实验步骤

**1. 溶解**

用台秤称取 5 g 粗食盐于 100 mL 烧杯中,用量筒量取 15 mL 蒸馏水倒入烧杯。石棉网上加热搅拌使粗食盐完全溶解,溶液中如有少量不溶性杂质,可待下一步过滤时一并除去。

**2. 化学沉淀法除去 $SO_4^{2-}$**

将粗食盐溶液加热至沸,并维持微沸。边搅拌,边向溶液中逐滴加入 1 mL $1 mol \cdot L^{-1}$ $BaCl_2$ 溶液,至溶液中的 $SO_4^{2-}$ 沉淀完全,停止加热,静置使沉淀沉降。然后沿烧杯壁小心地往上层清液中加入 3 滴 $BaCl_2$ 溶液,若清液变浑,需要再往烧杯中加入适量的 $BaCl_2$ 溶液,并将溶液煮沸。反复检验,直至 $SO_4^{2-}$ 沉淀完全为止。趁热常压过滤,并用少量蒸馏水洗涤烧杯和玻璃棒及沉淀 2~3 次。过滤时,不溶性杂质及 $BaSO_4$ 沉淀尽量不要倒至漏斗中。

**3. 化学沉淀法除去 $Ca^{2+}$、$Mg^{2+}$、$Ba^{2+}$**

将滤液加热至沸,并维持微沸。边搅拌边逐滴加入 $0.5 mol \cdot L^{-1}$ $Na_2CO_3$ 溶液(通过实验确定用量),使 $Ca^{2+}$、$Mg^{2+}$、$Ba^{2+}$ 完全转变为难溶的碳酸盐或碱式碳酸盐沉淀(参照上面 2 的方法检验沉淀是否完全)。确证 $Ca^{2+}$、$Mg^{2+}$、$Ba^{2+}$ 已沉淀完全后,继续加热煮沸 3 min,进行第二次常压过滤,用蒸发皿收集滤液。注意:加热过程中,为防止 NaCl 析出,应随时补充蒸馏水,维持溶液体积基本不变。

**4. 除去多余的 $CO_3^{2-}$**

边搅拌,边向滤液中滴加 $2 mol \cdot L^{-1}$ HCl,使溶液的 pH 值为 3~4,$CO_3^{2-}$ 转化为 $CO_2$ 气体逸出。

**5. 蒸发、结晶、减压过滤**

将蒸发皿放至铁圈上,加热除去大部分水分,改用小火(可用石棉网)加热,并不断搅拌,以免溶液溅出。当溶液蒸发至稀糊状时停止加热,切勿将溶液蒸干。将浓缩液冷却至室温。待 NaCl 结晶完全后,用布氏漏斗减压过滤,将 NaCl 晶体抽干至没有水滴滴出。

**6. 干燥 NaCl**

将 NaCl 晶体放入有柄蒸发皿中,在石棉网上用小火烘烤,并不断用玻璃棒翻动,至不再有水汽逸出停止加热,得到洁白、疏松的 NaCl 晶体。晶体经冷却后,用台秤称重,计算产率。

**7. 检验产品纯度**

分别称取粗食盐和精制后的食盐各 1 g,并用 5 mL 蒸馏水分别溶解备用,进行 $SO_4^{2-}$、$Ca^{2+}$、$Mg^{2+}$ 对照实验。

检验 $SO_4^{2-}$:取 1~2 mL 备用液分别加入 2 支干净试管中,各加入 2 滴 $1 mol \cdot L^{-1}$ $BaCl_2$,观察溶液的浑浊程度有什么不同。

检验 $Ca^{2+}$:取 1~2 mL 备用液分别加入 2 支干净试管中,各加入 2 滴

$0.5\ mol \cdot L^{-1}(NH_4)_2C_2O_4$，观察现象有什么不同。

检验 $Mg^{2+}$：取 $1 \sim 2\ mL$ 备用液分别加入 2 支干净试管中，各加入 2 滴 $2\ mol \cdot L^{-1}$ NaOH 溶液使溶液呈碱性，再加入几滴镁试剂，观察两种溶液现象的不同。

## 五、思考题

1. 本实验中，为什么要先加入 $BaCl_2$，再加入 $Na_2CO_3$？

2. 本实验中为什么要选用 $Na_2CO_3$ 除去 $Ca^{2+}$、$Mg^{2+}$、$Ba^{2+}$？蒸发前为什么用盐酸调 pH 值，而不用别的酸？

实验 2
思考题参考答案

# 实验 3　化学反应速率与活化能的测定

## 一、实验目的

1. 学习过二硫酸铵氧化碘化钾的反应速率测定原理和方法，掌握反应级数、反应速率常数和反应活化能的计算方法。

2. 通过实验了解浓度和温度对化学反应速率的影响。

3. 加深理解反应速率和活化能的概念。

4. 掌握秒表、温度计和恒温水浴锅的使用。

## 二、实验原理

化学反应速率以单位时间内反应物或生成物浓度的改变值来表示。

本实验中过二硫酸铵和碘化钾的反应速率是通过测定反应物 $S_2O_8^{2-}$ 浓度变化来确定的。

在水溶液中，过二硫酸铵氧化碘化钾的反应为

$$(NH_4)_2S_2O_8 + 2KI = (NH_4)_2SO_4 + K_2SO_4 + I_2$$

$$S_2O_8^{2-} + 2I^- = 2SO_4^{2-} + I_2 \tag{1}$$

上述反应的平均速率为

$$\bar{v} = -\Delta c(S_2O_8^{2-})/\Delta t = k \cdot c^m(S_2O_8^{2-}) \cdot c^n(I^-)$$

式中：$\Delta c(S_2O_8^{2-})$——$S_2O_8^{2-}$ 在 $\Delta t$ 时间内浓度的改变值；

$c(S_2O_8^{2-})$、$c(I^-)$——两种离子的初始浓度；

$k$——反应速率常数；

$m$ 和 $n$ 之和——反应级数。

为了测出一定时间（$\Delta t$）内的 $\Delta c(S_2O_8^{2-})$，在混合 $(NH_4)_2S_2O_8$ 和 KI 的同时，加入淀粉指示剂，并加入一定体积已知浓度的 $Na_2S_2O_3$ 溶液，这样在反应(1)进行的同时，也进行着如下反应：

$$2S_2O_3^{2-}+I_2 \Longrightarrow S_4O_6^{2-}+2I^- \tag{2}$$

反应(2)进行得非常快,几乎瞬间完成。在反应开始的一段时间内,反应(1)生成的 $I_2$ 立即与 $S_2O_3^{2-}$ 作用生成无色的 $S_4O_6^{2-}$ 和 $I^-$,因此看不到碘与淀粉作用而应显示的蓝色。但是,一旦 $Na_2S_2O_3$ 耗尽,反应(2)即刻停止,反应(1)继续进行,$I^-$ 离解生成的微量碘立即与淀粉作用,使溶液显示蓝色。

从反应(1)和反应(2)可以看出,$c(S_2O_8^{2-})$ 减少量为 $c(S_2O_3^{2-})$ 减少量的 $1/2$,即

$$\Delta c(S_2O_8^{2-}) = \Delta c(S_2O_3^{2-})/2$$

记录下从反应开始到溶液显蓝色所需时间 $\Delta t$,由于在 $\Delta t$ 时间内 $S_2O_3^{2-}$ 全部耗尽,$c(S_2O_3^{2-})_终$ 为零,则

$$\Delta c(S_2O_3^{2-}) = c(S_2O_3^{2-})_终 - c(S_2O_3^{2-})_初 = -c(S_2O_3^{2-})_初$$

则有:

$$\bar{v} = -\Delta c(S_2O_8^{2-})/\Delta t = c(S_2O_3^{2-})_初/2\Delta t$$

从下式求出反应速率常数为

$$k = \frac{\bar{v}}{c^m(S_2O_8^{2-}) \cdot c^n(I^-)} = \frac{c(S_2O_3^{2-})_初}{2\Delta t \cdot c^m(S_2O_8^{2-}) \cdot c^n(I^-)}$$

反应速率常数 $k$ 与温度有以下关系:

$$\ln k = \ln A - \frac{E_a}{RT}$$

式中:$E_a$——活化能;

$R$——气体常数($8.314 \text{ J} \cdot \text{K}^{-1} \cdot \text{mol}^{-1}$);

$T$——热力学温度。

测得不同温度下时的 $k$ 值,以 $\ln k$ 对 $1/T$ 作图,可得一直线,由直线斜率可求得反应的活化能。

## 三、仪器、试剂

**仪器**:量筒(10 mL、25 mL),烧杯(100 mL),温度计($0\sim100℃$),秒表,玻璃棒,大试管,恒温水浴锅。

**试剂**:$KI(0.2 \text{ mol} \cdot \text{L}^{-1})$,$(NH_4)_2S_2O_8(0.2 \text{ mol} \cdot \text{L}^{-1})$,$(NH_4)_2SO_4(0.2 \text{ mol} \cdot \text{L}^{-1})$,$KNO_3(0.2 \text{ mol} \cdot \text{L}^{-1})$,$Na_2S_2O_3(0.01 \text{ mol} \cdot \text{L}^{-1}$,现配),$0.4\%$ 淀粉(现配),$Cu(NO_3)_2(0.02 \text{ mol} \cdot \text{L}^{-1})$。

## 四、实验步骤

### 1. 浓度对反应速率的影响,反应级数及反应速率常数的测定

在室温下,用 3 个贴好标签的量筒分别量取 10.0 mL 0.2 mol·L$^{-1}$ KI 溶液、4.0 mL 0.01 mol·L$^{-1}$ Na$_2$S$_2$O$_3$ 溶液、1.0 mL 0.4% 淀粉溶液一起倒入 100 mL 烧杯中,用玻璃棒搅拌均匀,然后用另一个贴好标签的量筒量取 10.0 mL 0.2 mol·L$^{-1}$

$(NH_4)_2S_2O_8$ 溶液，迅速倒入烧杯中，立即按动秒表，并用玻璃棒不断搅拌，溶液刚出现蓝色时，立即停止计时，将反应时间 $\Delta t$ 填入表4-1中。

采用同样的方法依次按表4-1中的实验方案进行实验。为了使每组溶液的离子强度和总体积保持不变，分别用 $0.2\ mol \cdot L^{-1}(NH_4)_2SO_4$ 溶液和 $0.2\ mol \cdot L^{-1}$ $KNO_3$ 溶液补足。

**表 4-1 浓度对反应速率的影响**

| | 实 验 编 号 | 1 | 2 | 3 | 4 | 5 |
|---|---|---|---|---|---|---|
| 试剂用量/mL | $0.2\ mol \cdot L^{-1}\ KI$ | 10.0 | 10.0 | 10.0 | 5.0 | 2.5 |
| | $0.01\ mol \cdot L^{-1}\ Na_2S_2O_3$ | 4.0 | 4.0 | 4.0 | 4.0 | 4.0 |
| | 0.4%淀粉 | 1.0 | 1.0 | 1.0 | 1.0 | 1.0 |
| | $0.2\ mol \cdot L^{-1}\ KNO_3$ | 0.0 | 0.0 | 0.0 | 5.0 | 7.5 |
| | $0.2\ mol \cdot L^{-1}(NH_4)_2SO_4$ | 0.0 | 5.0 | 7.5 | 0.0 | 0.0 |
| | $0.2\ mol \cdot L^{-1}(NH_4)_2S_2O_8$ | 10.0 | 5.0 | 2.5 | 10.0 | 10.0 |
| 反应物起始浓度 $c/(mol \cdot L^{-1})$ | KI | | | | | |
| | $Na_2S_2O_3$ | | | | | |
| | $(NH_4)_2S_2O_8$ | | | | | |
| 反应时间 $\Delta t/s$ | | | | | | |
| 反应速率 $\bar{v}/$ $(mol \cdot L^{-1} \cdot s^{-1})$ | | | | | | |
| 反应速率常数 $k$ | | | | | | |
| 反应级数 $m+n$ | | | | | | |

**2. 温度对反应速率的影响，活化能的测定**

按表4-1中实验编号5的试剂用量，在100 mL烧杯中，加入2.5 mL 0.2 mol·L⁻¹ KI溶液、1.0 mL 0.4%淀粉溶液、4.0 mL 0.01 mol·L⁻¹Na₂S₂O₃溶液和7.5 mL 0.2 mol·L⁻¹ KNO₃溶液，在大试管中加入 10.0 mL 0.2 mol·L⁻¹(NH₄)₂S₂O₈ 溶液，同时放入比室温高10℃的恒温水浴锅中，待烧杯和大试管中的溶液均达到水浴锅设定的温度(用温度计测量)时，将(NH₄)₂S₂O₈溶液迅速倒入盛其他反应液的100 mL烧杯中，同时启动秒表计时，并用玻璃棒不断搅拌，在溶液刚出现蓝色时，立即停止计时，记下反应时间 $\Delta t$，并记录反应温度，填入表4-2。

用同样的方法分别在比室温高10℃、20℃的条件下重复实验，将数据填入表4-2。

此实验也可在冰水浴、10℃、20℃的条件下进行，试剂用量按表4-1中实验编号1的用量。

表 4-2　温度对反应速率的影响

| 实验编号 | 1 | 2 | 3 |
|---|---|---|---|
| 反应温度/℃ | | | |
| 反应时间 $\Delta t/s$ | | | |
| 反应速率常数 $k$ | | | |

### 3. 催化剂对反应速率的影响

在室温下，按表 4-1 中实验编号 5 的试剂用量，用量筒量取 3.5 mL 0.2 mol·L$^{-1}$ KI 溶液、4.0 mL 0.01 mol·L$^{-1}$ Na$_2$S$_2$O$_3$ 溶液和 7.5 mL 0.2 mol·L$^{-1}$ KNO$_3$ 溶液，按表 4-3 的用量加入 0.02 mol·L$^{-1}$ Cu(NO$_3$)$_2$ 溶液搅匀，然后取 10.0 mL 0.2 mol·L$^{-1}$ (NH$_4$)$_2$S$_2$O$_8$ 溶液迅速倒入 100 mL 烧杯中，立即按动秒表，用玻璃棒不断搅拌，在溶液刚出现蓝色时，停止计时，将反应时间填入表 4-3 中。

表 4-3　催化剂对反应速率的影响

| 实验编号 | 1 | 2 | 3 |
|---|---|---|---|
| 加入 Cu(NO$_3$)$_2$ 的滴数 | 1 | 2 | 3 |
| 反应时间 $\Delta t/s$ | | | |
| 反应速率常数 $k$ | | | |

## 五、数据处理

### 1. 反应级数的计算

从表 4-1 中实验编号为 1、2 和 3 的 3 组实验数据中分别选出任意两组代入反应速率方程：

$$\bar{v}=k \cdot c^m(\mathrm{S_2O_8^{2-}}) \cdot c^n(\mathrm{I^-})$$

两式相除，即可得到：

$$\frac{\bar{v}_1}{\bar{v}_2}=\frac{k \cdot c_1^m(\mathrm{S_2O_8^{2-}}) \cdot c_1^n(\mathrm{I^-})}{k \cdot c_2^m(\mathrm{S_2O_8^{2-}}) \cdot c_2^n(\mathrm{I^-})}$$

因为 $c_1^n(\mathrm{I^-})=c_2^n(\mathrm{I^-})$，所以

$$\bar{v}_1/\bar{v}_2=c_1^m(\mathrm{S_2O_8^{2-}})/c_2^m(\mathrm{S_2O_8^{2-}})$$

$\bar{v}_1$、$\bar{v}_2$、$c_1(\mathrm{S_2O_8^{2-}})$、$c_2(\mathrm{S_2O_8^{2-}})$ 都是已知数，可计算求出 $m$。如用实验编号为 1 和 2 的数据算出，计为 $m_1$，用实验编号为 1 和 3 的数据算出 $m_2$，实验编号为 2 和 3 的数据算出 $m_3$，取 $m_1$、$m_2$ 和 $m_3$ 的平均值，得到 $m$。

同理，用实验编号为 1、4 和 5 的实验数据中任意两组算出 $n_1$、$n_2$ 和 $n_3$，取平均值，得到 $n$。

**2. 计算反应速率常数 $k$**

已知 $\bar{v}$、$m$、$n$，将表4-1中的实验数据代入下面公式

$$k = \bar{v} / [ c^m(S_2O_8^{2-}) \cdot c^n(I^-) ]$$

将得到5个反应速率常数 $k$，取平均值。

**3. 求活化能**

将表 4-2 中任意两个温度下的实验数据代入下式求出活化能，再将求出的活化能取平均值。

$$\lg \frac{k_2}{k_1} = \frac{E_a}{2.303R} \left( \frac{T_2 - T_1}{T_1 T_2} \right)$$

活化能也可用表 4-2 中的数据，以 $\ln k$ 对 $1/T$ 作图，根据所得直线的斜率求得。

## 六、思考题

1. 实验中加入 $(NH_4)_2SO_4$ 和 $KNO_3$ 的作用是什么？

2. 实验中向 KI、$Na_2S_2O_3$ 和淀粉等混合溶液中加 $(NH_4)_2S_2O_8$，为什么越快越好？

3. 为什么取用试剂的量筒要分开使用？

实验 3
思考题参考答案

# 实验 4　弱电解质电离度及电离常数的测定

## 一、实验目的

1. 学习测定弱电解质电离度和电离平衡常数的原理和方法。
2. 学会正确地使用 pH 计。
3. 练习和巩固容量瓶、移液管、滴定管等仪器的基本操作。

## 二、实验原理

除少数强酸、强碱外，大多数酸和碱溶液都存在电离平衡，其平衡常数称为电离常数 $K_a^{\ominus}$ 或 $K_b^{\ominus}$，其值可由热力学数据求算，也可由实验测定。

乙酸（$CH_3COOH$，简写为 HAc）是一种弱电解质，在溶液中存在下列电离平衡：

$$HAc(aq) \rightleftharpoons H^+(aq) + Ac^-(aq)$$

其电离常数:

$$K_a^{\ominus}(\text{HAc}) = \frac{[c(\text{H}^+)/c^{\ominus}] \cdot [c(\text{Ac}^-)/c^{\ominus}]}{c(\text{HAc})/c^{\ominus}} \tag{4-1}$$

若 $c$ 为 HAc 的起始浓度,温度一定时,HAc 的电离度为 $\alpha$,忽略 $H_2O$ 的电离,则平衡时 $c(\text{H}^+)=c(\text{Ac}^-)=c\alpha$,$c(\text{HAc})=c-c(\text{H}^+)=c(1-\alpha)$ 代入式(4-1)得

$$K_a^{\ominus}(\text{HAc}) = \frac{(c\alpha)^2}{c(1-\alpha)} = \frac{c\alpha^2}{1-\alpha} \tag{4-2}$$

在一定温度下,弱电解质的电离常数 $K^{\ominus}$ 与浓度无关。$\dfrac{c\alpha^2}{1-\alpha}$ 的值近似为一常数,用酸度计测出一系列已知浓度的 HAc 溶液的 pH 值,可求得各浓度 HAc 溶液对应的 $c(\text{H}^+)$。

$$\text{pH} = -\lg \frac{c(\text{H}^+)}{c^{\ominus}} \tag{4-3}$$

$$c(\text{H}^+) = c\alpha \tag{4-4}$$

将式(4-3)计算出的 $c(\text{H}^+)$ 代入式(4-4)中,对应求得一系列电离度 $\alpha$ 值,将 $\alpha$ 代入式(4-2)中,可求得一系列对应的 $K_a^{\ominus}$ 值。取 $K_a^{\ominus}$ 的平均值,即得该温度下乙酸的电离常数 $K_a^{\ominus}(\text{HAc})$。

## 三、仪器、试剂与材料

**仪器:**移液管(25 mL),酸碱两用滴定管(50 mL),锥形瓶(250 mL),量筒(10 mL),烧杯(100 mL),滴定管架,滴定管夹,酸度计。

**试剂:**乙酸溶液(待测),NaOH 标准溶液(0.100 0 mol·L$^{-1}$),标准缓冲溶液(pH=6.86,4.00),酚酞溶液(1%)。

**材料:**滤纸片。

## 四、实验步骤

### 1. 乙酸溶液浓度的测定

取下一支酸碱两用滴定管,加入 0.100 0 mol·L$^{-1}$ NaOH 标准溶液,记下滴定管内液面的读数 $V_0$;用移液管准确移取 2 份 25.00 mL 乙酸溶液于 2 支干净的锥形瓶中,各滴入 2 滴酚酞溶液作为指示剂,摇匀;取其中 1 只锥形瓶,用 NaOH 标准溶液滴定,边滴边摇,使之充分反应,同时注意观察溶液颜色。滴定速度由快到慢,当接近滴定终点时,应控制以半滴加入。待溶液呈浅红色,且 30 s 内不褪色即为终点。记录此时滴定管内液面的读数 $V_1$,计算出消耗的 NaOH 标准溶液的体积 $V$,根据公式 $c_{酸} V_{酸} = c_{碱} V_{碱}$,计算出乙酸溶液的浓度 $c$。补加 NaOH 标准溶液,用同样的方法滴定另外一支锥形瓶中的乙酸溶液并计算浓度。计算出乙酸溶液浓度的平均值,将实验数据和结果填入表 4-4。

表 4-4 乙酸溶液浓度的测定

| 实验编号 | | 1 | 2 |
|---|---|---|---|
| $c(\text{NaOH})/(\text{mol} \cdot \text{L}^{-1})$ | | | |
| 滴定前滴定管内液面的读数 $V_0/\text{mL}$ | | | |
| 滴定后滴定管内液面的读数 $V_1/\text{mL}$ | | | |
| NaOH 标准溶液的用量 $V/\text{mL}$ | | | |
| $c(\text{HAc})/(\text{mol} \cdot \text{L}^{-1})$ | 测定值 | | |
| | 平均值 | | |

**2. 配制不同浓度的乙酸溶液及 pH 值的测定**

取 4 个洗净烘干的 100 mL 烧杯依次编成 1~4 号；从滴定管中分别向 4 个烧杯中准确放入 6.00 mL、12.00 mL、24.00 mL、48.00 mL 已准确标定过的乙酸溶液；从盛有去离子水的滴定管中分别向上述烧杯中依次准确放入 42.00 mL、36.00 mL、24.00 mL、0.00 mL 的去离子水，并用玻璃棒将烧杯中溶液搅拌均匀。

用标准缓冲溶液标定酸度计，再用酸度计分别依次测量 1~4 号烧杯中乙酸溶液的 pH 值，并记录测定数据，由测得的乙酸溶液 pH 值计算乙酸的电离度、电离平衡常数，填入表 4-5 中。根据 4 个 $K_a^\ominus$ 值求出平均值。

pH 值测定结束后，洗净复合 pH 电极，轻轻套上复合 pH 电极的电极帽，关闭电源开关。

表 4-5 配制不同浓度的乙酸溶液及 pH 值的测定

| 烧杯编号 | $V(\text{HAc})/\text{mL}$ | $c(\text{HAc})/(\text{mol} \cdot \text{L}^{-1})$ | pH | $c(\text{H}^+)/(\text{mol} \cdot \text{L}^{-1})$ | $\alpha/\%$ | $K_a^\ominus$ |
|---|---|---|---|---|---|---|
| 1 | 6.00 | | | | | |
| 2 | 12.00 | | | | | |
| 3 | 24.00 | | | | | |
| 4 | 48.00 | | | | | |

# 五、思考题

1. 用 pH 计测定乙酸溶液的 pH 值，为什么要按浓度由低到高的顺序进行？

2. 乙酸的电离度和电离平衡常数是否受乙酸浓度变化的影响？

3. 用 NaOH 滴定乙酸时，锥形瓶需要干燥吗？为什么？

实验 4
思考题参考答案

# 实验 5　缓冲溶液的配制和性质

## 一、实验目的

1. 掌握缓冲溶液的配制方法。
2. 加深对缓冲溶液性质的理解。
3. 学会使用 pH 计测定溶液的 pH 值。
4. 练习吸量管的使用。

## 二、实验原理

缓冲溶液在生物和医学学科中具有非常重要的作用。当向某些溶液中加少量的强酸、强碱或用水稍加稀释时，该溶液的 pH 值基本不变，称为缓冲作用，这样的溶液叫作缓冲溶液。缓冲溶液常由一对共轭酸碱组成，其中的共轭酸充当抗碱成分而共轭碱则充当抗酸成分，因此，当缓冲溶液中加入少量的强酸或强碱时，其 pH 值能保持基本不变。缓冲溶液的近似 pH 值可用下式计算：

$$pH = pK_a^{\ominus} - \lg \frac{c_{共轭酸}/c^{\ominus}}{c_{共轭碱}/c^{\ominus}} \quad 或 \quad pOH = pK_b^{\ominus} - \lg \frac{c_{共轭碱}/c^{\ominus}}{c_{共轭酸}/c^{\ominus}}$$

式中：$pK_a^{\ominus}$、$pK_b^{\ominus}$——弱酸、弱碱的解离平衡常数；

$c_{共轭酸}$、$c_{共轭碱}$——共轭酸、共轭碱在缓冲溶液中的平衡浓度。

缓冲溶液的缓冲能力是有限的，缓冲溶液只能在一定的 pH 值范围内发挥有效的缓冲作用。缓冲溶液的缓冲能力可以通过缓冲容量 $\beta$ 来表示。缓冲容量指的是在单位体积下使缓冲溶液的 pH 值改变一个单位时，所需加入强酸或强碱的物质的量。

影响缓冲容量的两个重要因素是缓冲比和缓冲对的总浓度。当缓冲对的浓度比值(缓冲比)为 1 时，pH(pOH)= $pK_a^{\ominus}(pK_b^{\ominus})$，此时缓冲容量最大；当缓冲对的浓度比相差越大时，缓冲容量越低。因此，配制一定 pH 值的缓冲溶液时，应当选择 $pK_a^{\ominus}(pK_b^{\ominus}) \approx pH(pOH)$ 的弱电解质及其盐。对于同一缓冲体系，当缓冲比一定时，总浓度越大，缓冲容量就越大；反之，总浓度越小，缓冲容量就越小。

一般来说，缓冲溶液的有效缓冲范围为 $pK_a^{\ominus}(pK_b^{\ominus}) \pm 1$。

## 三、仪器、试剂与材料

**仪器**：洗瓶，刻度吸量管(5 mL、10 mL)，磁力搅拌器，玻璃棒，pH 计(带电极)，烧杯(50 mL)，试管，量筒(25 mL)。

**试剂**：$Na_2HPO_4$(0.1 mol·L$^{-1}$)，NaOH(1 mol·L$^{-1}$)，$KH_2PO_4$(0.1 mol·L$^{-1}$)，HCl(1 mol·L$^{-1}$)，NaOH(0.1 mol·L$^{-1}$)，HCl(0.1 mol·L$^{-1}$)，HAc(0.1 mol·L$^{-1}$)，

$NaAc(0.1 \ mol \cdot L^{-1})$，$NH_3 \cdot H_2O(0.1 \ mol \cdot L^{-1})$，$NH_4Cl(0.1 \ mol \cdot L^{-1})$。

**材料：** 精密 pH 试纸。

## 四、实验步骤

缓冲溶液的配制通常有 3 种方法，分别为：共轭酸加共轭碱、共轭酸加强碱、共轭碱加强酸。缓冲溶液具有抗少量酸、碱或稀释的作用。

**1. 一元弱酸及其盐（HAc-NaAc）缓冲溶液的配制及缓冲性质**

根据缓冲溶液 pH 值计算公式，以 $0.1 \ mol \cdot L^{-1}$ HAc 溶液、$0.1 \ mol \cdot L^{-1}$ NaAc 溶液为原料，计算出配制 pH=4 的 HAc-NaAc 缓冲溶液所用的 HAc、NaAc 的量，并将计算结果填入表 4-6 中。用酸度计测定溶液的 pH 值，比较理论值和测量值是否相同，将相应数值填入表 4-6，并按照表 4-7 中设计的内容测定其缓冲性质。

**表 4-6 HAc-NaAc 缓冲溶液配制**

| 溶液 | $0.1 \ mol \cdot L^{-1}$ HAc 溶液体积/mL | $0.1 \ mol \cdot L^{-1}$ NaAc 溶液体积/mL | pH 值（实测） | 实测与理论 ΔpH |
|---|---|---|---|---|
| pH=4 HAc-NaAc 缓冲溶液配制 | | | | |

**表 4-7 HAc-NaAc 缓冲液缓冲性质**

| 编号 | $0.1 \ mol \cdot L^{-1}$ HAc 溶液体积/mL | $0.1 \ mol \cdot L^{-1}$ NaAc 溶液体积/mL | pH=4 HAc-NaAc 缓冲溶液体积/mL | $0.1 \ mol \cdot L^{-1}$ HCl 溶液 | $0.1 \ mol \cdot L^{-1}$ NaOH 溶液 | $H_2O$ /mL | pH 值$_1$（前实测） | pH 值$_2$（后实测） | 前后两次实测 ΔpH |
|---|---|---|---|---|---|---|---|---|---|
| 1 | 25 | | | 10 滴 | | | | | |
| 2 | 25 | | | | 10 滴 | | | | |
| 3 | | 25 | | 10 滴 | | | | | |
| 4 | | 25 | | | 10 滴 | | | | |
| 5 | | | 25 | 10 滴 | | | | | |
| 6 | | | 25 | | 10 滴 | | | | |
| 7 | | | 25 | | | 25 | | | |

**2. 一元弱碱（$NH_3 \cdot H_2O$-$NH_4Cl$）及其盐缓冲溶液的配制及性质**

根据缓冲溶液 pH 值计算公式，用 $0.1 \ mol \cdot L^{-1}$ $NH_3 \cdot H_2O$ 溶液、$0.1 \ mol \cdot L^{-1}$ $NH_4Cl$ 溶液为原料，配制 pH=9 的缓冲溶液 80 mL，将相关数据填入表 4-8、表 4-9 中。测定该缓冲液 pH 值，并对其进行缓冲性质实验。

**表 4-8　$NH_3 \cdot H_2O-NH_4Cl$ 缓冲溶液配制**

| 溶液 | $0.1 mol \cdot L^{-1}$ $NH_3 \cdot H_2O$ 溶液体积/mL | $0.1 mol \cdot L^{-1}$ $NH_4Cl$ 溶液体积/mL | pH 值(实测) | 实测与理论 $\Delta pH$ |
|---|---|---|---|---|
| pH = 9 $NH_3 \cdot H_2O-NH_4Cl$ 缓冲溶液配制 | | | | |

**表 4-9　$NH_3 \cdot H_2O-NH_4Cl$ 缓冲液缓冲性质**

| 编号 | pH = 9 $NH_3 \cdot H_2O-NH_4Cl$ 缓冲溶液/mL | $0.1 mol \cdot L^{-1}$ HCl 溶液 | $0.1 mol \cdot L^{-1}$ NaOH 溶液 | $H_2O/$ mL | pH 值$_1$ (前实测) | pH 值$_2$ (后实测) | 前后两次实测 $\Delta pH$ |
|---|---|---|---|---|---|---|---|
| 1 | 25 | 5 滴 | | | | | |
| 2 | 25 | | 5 滴 | | | | |
| 3 | 25 | | | 20 | | | |

### 3. 多元弱酸盐($H_2PO_4^- - HPO_4^{2-}$)缓冲溶液的配制及缓冲性质

将 5 支洁净大试管标上号码,放在试管架上,然后用 10 mL 刻度吸量管按表 4-10 中编号为 1~5 的试管所示的数量,吸取 $0.1 mol \cdot L^{-1}$ $Na_2HPO_4$ 溶液、$0.1 mol \cdot L^{-1}$ $KH_2PO_4$ 溶液、$0.1 mol \cdot L^{-1}$NaOH 溶液、$0.1 mol \cdot L^{-1}$HCl 溶液和去离子水加入试管中,用玻璃棒搅拌均匀。分别蘸取 3 种缓冲溶液(配制方法见表 4-6 所列),用精密 pH 试纸测 pH 值。根据公式计算所配制缓冲溶液的 pH 值。比较测量值与计算结果。用表 4-11 中编号为 1~9 的试管进行缓冲溶液性质实验,并将相应结果填入表中。

**表 4-10　磷酸盐缓冲溶液**

| 试管编号 | 试剂名称及用量/mL | | | | | 理论(计算) pH 值 | 实测 pH 值 (试纸) |
|---|---|---|---|---|---|---|---|
| | $H_2O$ | HCl | $Na_2HPO_4$ | $KH_2PO_4$ | NaOH | | |
| 1 | | | 9.5 | 0.5 | | | |
| 2 | | | 5.0 | 5.0 | | | |
| 3 | | | 0.5 | 9.5 | | | |
| 4 | | 2 | 8 | | | | |
| 5 | | | | 8 | 2 | | |

表 4-11　磷酸盐缓冲液缓冲性质

| 试管编号 | 试剂名称及用量（如无标明溶液体积单位即为 mL） | | | | | pH 值$_1$（前实测） | pH 值$_2$（后实测） | 前后两次 $\Delta$pH |
| --- | --- | --- | --- | --- | --- | --- | --- | --- |
| | H$_2$O | HCl | Na$_2$HPO$_4$ | KH$_2$PO$_4$ | NaOH | | | |
| 1 | | 2 滴 | 9.5 | 0.5 | | | | |
| 2 | | 2 滴 | 5.0 | 5.0 | | | | |
| 3 | | 2 滴 | 0.5 | 9.5 | | | | |
| 4 | | | 9.5 | 0.5 | 2 滴 | | | |
| 5 | | | 5.0 | 5.0 | 2 滴 | | | |
| 6 | | | 0.5 | 9.5 | 2 滴 | | | |
| 7 | 2 | | 9.5 | 0.5 | | | | |
| 8 | 2 | | 5.0 | 5.0 | | | | |
| 9 | 2 | | 0.5 | 9.5 | | | | |

## 五、思考题

1. 为什么缓冲溶液具有缓冲能力？
2. 缓冲溶液的 pH 值由哪些因素决定？
3. 缓冲溶液缓冲容量取决于哪些因素？

实验 5
思考题参考答案

# 实验 6　碘化铅溶度积的测定

## 一、实验目的

1. 了解用分光光度计测定溶度积常数的原理和方法。
2. 学习分光光度计的使用方法。

## 二、实验原理

在一定温度下，难溶电解质 PbI$_2$ 的饱和溶液中，有着如下沉淀溶解平衡：

$$PbI_2(s) \Longrightarrow Pb^{2+}(aq) + 2I^-(aq)$$

PbI$_2$ 的溶度积常数表达式为

$$K_{sp}^{\ominus}(PbI_2) = [c(Pb^{2+})/c^{\ominus}] \cdot [c(I^-)/c^{\ominus}]^2$$

在一定温度下，如果测定出 PbI$_2$ 饱和溶液中的 $c(I^-)$ 和 $c(Pb^{2+})$，则可以求得 $K_{sp}^{\ominus}(PbI_2)$。

若将已知浓度的 Pb(NO$_3$)$_2$ 溶液和 KI 溶液按不同体积混合，生成的 PbI$_2$ 沉淀与溶液达到平衡，通过测定溶液中的 $c(I^-)$，再根据系统的初始组成及测定反

应中的 $Pb^{2+}$ 与 $I^-$ 的化学计量关系，可以计算出溶液中的 $c(Pb^{2+})$。由此可求得 $PbI_2$ 的溶度积。

本实验采用分光光度法测定溶液中 $c(I^-)$。尽管 $I^-$ 是无色的，但可在酸性条件下用 $KNO_2$ 将 $I^-$ 氧化为 $I_2$（保持 $I_2$ 浓度在其饱和浓度以下），$I_2$ 在水溶液中呈棕黄色。用分光光度计在 525 nm 波长下，测定由各溶液配制的不同浓度 $I_2$ 溶液的吸光度 $A$，然后由标准吸收曲线查出 $c(I^-)$，则可计算出饱和溶液中的 $c(I^-)$。

## 三、仪器、试剂与材料

**仪器**：721 型（或 72 型、722 型）分光光度计，比色皿（2 cm），烧杯（50 mL），试管，吸量管（2 mL、5 mL、10 mL），漏斗。

**试剂**：HCl（6.0 mol·L$^{-1}$），KI（0.003 5 mol·L$^{-1}$、0.035 mol·L$^{-1}$），$KNO_2$（0.010 mol·L$^{-1}$、0.020 mol·L$^{-1}$），Pb(NO$_3$)$_2$（0.015 mol·L$^{-1}$）。

**材料**：滤纸，镜头纸，橡皮塞。

## 四、实验步骤

### 1. 绘制 $A$-$c(I^-)$ 标准曲线

取 5 支干燥的试管分别加入 0.003 5 mol·L$^{-1}$ KI 溶液 1.00 mL、1.50 mL、2.00 mL、2.50 mL、3.00 mL，再分别加入 0.020 mol·L$^{-1}$ $KNO_2$ 溶液 2.00 mL，去离子水 3.00 mL 及 1 滴 6.0 mol·L$^{-1}$ HCl 溶液。摇匀后，分别倒入比色皿中。以水作参比溶液，在 525 nm 波长下测定吸光度 $A$。以测得的吸光度 $A$ 数据为纵坐标，以相应 $I^-$ 浓度为横坐标，绘制出 $A$-$c(I^-)$ 标准曲线图。

注意，氧化后得到的 $I_2$ 浓度应小于室温下 $I_2$ 的溶解度。不同温度下，$I_2$ 的溶解度见表 4-12 所列。

表 4-12　不同温度下 $I_2$ 的溶解度

| 温度/℃ | 20 | 30 | 40 |
|---|---|---|---|
| 溶解度/(g/100 g H$_2$O) | 0.029 | 0.056 | 0.078 |

### 2. 制备 $PbI_2$ 饱和溶液

（1）取 3 支干净、干燥的试管，按表 4-13 用量，用吸量管加入 0.015 mol·L$^{-1}$ Pb(NO$_3$)$_2$ 溶液、0.035 mol·L$^{-1}$ KI 溶液、去离子水，使每个试管中溶液的总体积为 10.00 mL。

表 4-13　$PbI_2$ 饱和溶液的制备

| 试管编号 | $V[Pb(NO_3)_2]$/mL | $V(KI)$/mL | $V(H_2O)$/mL |
|---|---|---|---|
| 1 | 5.00 | 3.00 | 2.00 |
| 2 | 5.00 | 4.00 | 1.00 |
| 3 | 5.00 | 5.00 | 0.00 |

（2）用橡皮塞塞紧试管，充分摇荡试管，大约摇 20 min 后，将试管放在试管架上静置 3~5 min。

（3）在装有干燥滤纸的漏斗上，将制得的含有 $PbI_2$ 固体的饱和溶液过滤，同时用干燥的试管接取滤液。弃去沉淀，保留滤液。

（4）向 3 支干燥的试管中用吸量管分别注入 1 号、2 号、3 号 $PbI_2$ 的饱和溶液 2.00 mL，再分别加入 $0.010\ mol\cdot L^{-1}KNO_2$ 溶液 4.00 mL 及 1 滴 $6.0\ mol\cdot L^{-1}$ HCl 溶液。摇匀后，分别倒入 2 cm 比色皿中，以水作参比溶液，在 525 nm 波长下测定溶液的吸光度，填入表 4-14 中，并利用关系式，计算出 $PbI_2$ 的溶度积常数。

**表 4-14 数据记录和处理**

| 试管编号 | 1 | 2 | 3 |
|---|---|---|---|
| $V[Pb(NO_3)_2]/mL$ | | | |
| $V(KI)/mL$ | | | |
| $V(H_2O)/mL$ | | | |
| $V_{总}/mL$ | | | |
| 稀释后溶液的吸光度 $A$ | | | |
| 由标准曲线查得 $c(I^-)/(mol\cdot L^{-1})$ | | | |
| 平衡时 $c(I^-)/(mol\cdot L^{-1})$ | | | |
| 平衡时溶液中 $n(I^-)/mol$ | | | |
| 初始 $n(Pb^{2+})/mol$ | | | |
| 初始 $n(I^-)/mol$ | | | |
| 沉淀中 $n(I^-)/mol$ | | | |
| 沉淀中 $n(Pb^{2+})/mol$ | | | |
| 平衡时溶液中 $n(Pb^{2+})/mol$ | | | |
| 平衡时 $c(Pb^{2+})/(mol\cdot L^{-1})$ | | | |
| $K_{sp}^{\ominus}(PbI_2)$ | | | |

## 五、思考题

1. 配制 $PbI_2$ 饱和溶液时为什么要充分摇荡？

2. 如果使用湿的试管配制比色溶液，对实验结果将产生什么影响？

实验 6
思考题参考答案

# 实验 7　沉淀的生成与转化

## 一、实验目的

1. 实验沉淀的生成、溶解和相互转化。
2. 利用溶解度的差异进行分离。
3. 掌握溶度积规则及应用。

## 二、实验原理

在难溶电解质的饱和溶液中，未溶解的难溶电解质和溶液中相应的离子之间可建立多相离子平衡，用通式表示如下：

$$A_xB_y(s) \rightleftharpoons xA^{y+}(aq) + yB^{x-}(aq)$$

难溶电解质达到沉淀溶解平衡时，其平衡常数表达式为

$$K_{sp}^{\ominus} = [c(A^{y+})/c^{\ominus}]^x \cdot [c(B^{x-})/c^{\ominus}]^y$$

式中：$K_{sp}^{\ominus}$——溶度积常数；

$c(A^{y+})$、$c(B^{x-})$——平衡浓度。

根据化学平衡原理和溶度积常数，利用不同条件下相应的离子积 $Q$ 可判断沉淀的生成和溶解。

当 $Q > K_{sp}^{\ominus}$，溶液过饱和，有沉淀生成；

当 $Q = K_{sp}^{\ominus}$，饱和溶液；

当 $Q < K_{sp}^{\ominus}$，溶液未饱和，无沉淀生成。

实际上，溶液往往是含有多种离子的混合液，当逐滴加入某种试剂时，会出现某些离子首先沉淀，另一些离子后沉淀，这种现象称为分步沉淀。

沉淀的先后次序可根据溶度积规则加以判断；溶液中离子浓度的乘积先达到其溶度积的先沉淀，后达到的后沉淀。

使一种难溶电解质转化为另一种难溶电解质，即把一种沉淀转化为另一种沉淀的过程称为沉淀的转化。一般来说，对相同类型的难溶电解质，溶度积大的难溶电解质容易转化为溶度积小的难溶电解质。

## 三、仪器、试剂

**仪器**：试管，试管架，试管夹，玻璃棒，量筒(10 mL)，洗瓶，点滴板。

**试剂**：HCl(2 mol·L⁻¹)，NH₃·H₂O(2 mol·L⁻¹、0.1 mol·L⁻¹)，Pb(Ac)₂(0.01 mol·L⁻¹)，KI(0.02 mol·L⁻¹、2 mol·L⁻¹)，AgNO₃(0.1 mol·L⁻¹)，NaCl(0.2 mol·L⁻¹)，NH₄Cl(饱和)，NaNO₃(s)，NH₄Ac(0.1 mol·L⁻¹)，Pb(NO₃)₂(0.1 mol·L⁻¹)，K₂CrO₄(0.1 mol·L⁻¹)，MgCl₂(0.1 mol·L⁻¹)。

## 四、实验步骤

### 1. 沉淀的生成与溶解

(1)在 3 支试管中分别加入 3 滴 0.01 mol·L⁻¹ Pb(Ac)₂ 溶液和 2 滴 0.02 mol·L⁻¹ KI 溶液，振荡试管，观察现象。在第一支试管中加入 5 mL 去离子水，用玻璃棒搅动片刻，观察现象。在第二支试管中加入少量固体 NaNO₃，振荡试管，观察现象。在第三支试管中加入过量的 2 mol·L⁻¹ KI 溶液，振荡试管，观察现象。分别解释实验现象。

（2）在两支试管中分别加入 5 滴 $0.1\ mol\cdot L^{-1}MgCl_2$ 溶液，并逐滴滴加 $2\ mol\cdot L^{-1}$ $NH_3\cdot H_2O$ 溶液至有白色 $Mg(OH)_2$ 沉淀生成为止。在第一支试管中加入 $2\ mol\cdot L^{-1}HCl$ 溶液，观察沉淀是否溶解。在第二支试管中加入饱和 $NH_4Cl$ 溶液，观察沉淀是否溶解。写出有关反应方程式并解释实验现象。

**2. 分步沉淀**

取 1 滴 $0.1\ mol\cdot L^{-1}AgNO_3$ 溶液和 1 滴 $0.1\ mol\cdot L^{-1}Pb(NO_3)_2$ 溶液于试管中，加入 $10\sim15\ mL$ 去离子水进行稀释，摇匀后，再加入 1 滴 $0.1\ mol\cdot L^{-1}$ $K_2CrO_4$ 溶液，并不断摇动试管，观察沉淀的颜色，继续逐滴加入 $K_2CrO_4$ 溶液，观察沉淀颜色的变化情况。

根据沉淀颜色的变化结合溶度积规则，判断难溶物质沉淀的先后次序。

**3. 沉淀的转化**

取 5 滴 $0.1\ mol\cdot L^{-1}AgNO_3$ 溶液于试管中，加入 1 滴 $0.1\ mol\cdot L^{-1}K_2CrO_4$ 溶液，振荡，观察沉淀的颜色。再逐滴加入 $0.2\ mol\cdot L^{-1}NaCl$ 溶液，边加边振荡，直到砖红色沉淀消失、有白色沉淀生成时为止。写出相关的化学反应方程式，并根据溶度积原理解释此现象。

## 五、思考题

1. 沉淀生成的条件是什么？

2. $0.01\ mol\cdot L^{-1}Pb(Ac)_2$ 溶液和 $0.02\ mol\cdot L^{-1}KI$ 溶液等体积混合，根据溶度积规则，判断能否产生沉淀。

实验 7
思考题参考答案

# 实验 8　$[Fe(SCN)]^{2+}$ 稳定常数的测定

## 一、实验目的

1. 了解分光光度法测定配合物稳定常数的原理和方法。
2. 练习分光光度计的使用。

## 二、实验原理

平衡移动法能测定 1:1 型配合物的稳定常数，它的依据是改变配合物中某一组分（金属离子或配位体）的浓度，使配位平衡发生移动。如果金属离子和配位体无色，只有配合物有色，配合物溶液的吸光度则与配合物浓度成正比。因此，当配位平衡发生移动时，配合物溶液的吸光度也将随之变化。

$Fe^{3+}$ 与 $SCN^-$ 在水溶液中可以形成血红色的配离子，而 $Fe^{3+}$（很稀时）和 $SCN^-$ 离子均无色。当固定 $SCN^-$ 浓度，改变 $Fe^{3+}$ 离子浓度，并使 $c(Fe^{3+})\gg c(SCN^-)$ 时，则生成 1:1 型 $[Fe(SCN)]^{2+}$ 配离子。

$$Fe^{3+}+SCN^- \rightleftharpoons [Fe(SCN)]^{2+}$$

$$K_f^{\ominus} = \frac{c[Fe(SCN)]^{2+}/c^{\ominus}}{[c(Fe^{3+})/c^{\ominus}][c(SCN^-)/c^{\ominus}]}$$

将上式取对数,得

$$\lg \frac{c[Fe(SCN)]^{2+}/c^{\ominus}}{[c(SCN^-)/c^{\ominus}]} = \lg K_f^{\ominus} + \lg \left[\frac{c(Fe^{3+})}{c^{\ominus}}\right]$$

其中,$\lg \dfrac{c[Fe(SCN)]^{2+}/c^{\ominus}}{[c(SCN^-)/c^{\ominus}]}$ 相当于 $\lg \dfrac{A}{A^{\circ}-A}$。

式中:$A$——$SCN^-$部分转化为配离子时配合物溶液的吸光度,它相当于平衡溶液中配离子的浓度;

$A^{\circ}$——$SCN^-$全部转化为配离子时配合物溶液的吸光度,此时配离子浓度最高;

$A^{\circ}-A$——平衡溶液中$SCN^-$的浓度。

以 $\lg \dfrac{A}{A^{\circ}-A}$ 对 $\left[\dfrac{c(Fe^{3+})}{c^{\ominus}}\right]$ 作图可得一直线,该直线在纵轴上的截距即为 $\lg K_f^{\ominus}$。

## 三、仪器、试剂

**仪器**:721型分光光度计,烧杯(25 mL),容量瓶(50 mL、100 mL),移液管(5 mL)。

**试剂**:NaSCN(0.020 0 mol·L$^{-1}$),Fe(NO$_3$)$_3$(0.200 0 mol·L$^{-1}$)。

## 四、实验步骤

(1)溶液的配制:

①用0.020 0 mol·L$^{-1}$ NaSCN溶液配制成100 mL浓度为2.00×10$^{-4}$ mol·L$^{-1}$ NaSCN溶液。

②用0.200 0 mol·L$^{-1}$ Fe(NO$_3$)$_3$溶液分别配制50 mL表4-15中列出的各编号所要求的溶液。

(2)用移液管按表4-15用量混合NaSCN溶液和Fe(NO$_3$)$_3$溶液。混合液分别放在编号为1~5的5个25 mL烧杯中,并假设第一个烧杯中的$SCN^-$全部生成了[Fe(SCN)]$^{2+}$。

表4-15 溶液配制

| 烧杯编号 | 1 | 2 | 3 | 4 | 5 |
|---|---|---|---|---|---|
| $c(SCN^-)/(mol·L^{-1})$ | 2.00×10$^{-4}$ | 2.00×10$^{-4}$ | 2.00×10$^{-4}$ | 2.00×10$^{-4}$ | 2.00×10$^{-4}$ |
| $V(SCN^-)/mL$ | 5.00 | 5.00 | 5.00 | 5.00 | 5.00 |
| $c(Fe^{3+})/(mol·L^{-1})$ | 2.00×10$^{-2}$ | 4.00×10$^{-2}$ | 2.00×10$^{-3}$ | 1.00×10$^{-3}$ | 5.00×10$^{-4}$ |
| $V(Fe^{3+})/mL$ | 5.00 | 5.00 | 5.00 | 5.00 | 5.00 |

（3）室温下，用1 cm 比色皿，蒸馏水为空白，波长480 nm，在721 型分光光度计上测定上述各溶液的吸光度值。记录在表4-16 中。

表4-16　测定结果

| 烧杯编号 | 1 | 2 | 3 | 4 | 5 |
|---|---|---|---|---|---|
| 混合后 $c(\mathrm{Fe^{3+}})/(\mathrm{mol \cdot L^{-1}})$ | | | | | |
| 吸光度 $A$ | | | | | |
| $\lg\left[\dfrac{c(\mathrm{Fe^{3+}})}{c^{\ominus}}\right]$ | | | | | |
| $\lg\dfrac{A}{A^{\circ}-A}$ | | | | | |

计算表4-16 中所列各项的数据，以 $\lg\dfrac{A}{A^{\circ}-A}$ 对 $\left[\dfrac{c(\mathrm{Fe^{3+}})}{c^{\ominus}}\right]$ 作图，由图求出室温下配离子的 $K_{稳}$。

注意事项：$\mathrm{Fe^{3+}}$ 与 $\mathrm{SCN^-}$ 能形成通式为 $[\mathrm{Fe(SCN)}_n]^{3-n}$ 的配离子，其中 $n=1\sim6$。在本实验中，要控制 $\mathrm{SCN^-}$ 的浓度，使其只生成血红色的 $[\mathrm{Fe(SCN)}]^{2+}$ 离子。

## 五、思考题

1. 用平衡移动法测定溶液中配合物稳定常数的原理是什么？
2. $\mathrm{Fe^{3+}}$ 和 $\mathrm{SCN^-}$ 可以形成几种配合物？

实验 8
思考题参考答案

# 实验 9　银氨配离子配位数的测定

## 一、实验目的

掌握用配位平衡和沉淀溶解平衡等知识测定银氨配离子 $[\mathrm{Ag(NH_3)}_n]^+$ 配位数的方法。

## 二、实验原理

在 $\mathrm{AgNO_3}$ 溶液中加入过量氨水，即生成稳定的 $[\mathrm{Ag(NH_3)}_n]^+$。再往溶液中逐滴加入 KBr 溶液，直到刚刚出现 AgBr 沉淀（浑浊）为止，这时混合溶液中同时存在着以下配位和沉淀的竞争平衡状态：

$$\mathrm{Ag^+} + n\mathrm{NH_3} \rightleftharpoons [\mathrm{Ag(NH_3)}_n]^+ \tag{9-a}$$

$$K_{\mathrm{f}}^{\ominus}\{[\mathrm{Ag(NH_3)}_n]^+\} = \frac{c[\mathrm{Ag(NH_3)}_n]^+/c^{\ominus}}{[c(\mathrm{Ag^+})/c^{\ominus}] \cdot [c(\mathrm{NH_3})/c^{\ominus}]^n} \tag{9-1}$$

$$\mathrm{AgBr(s)} \rightleftharpoons \mathrm{Ag^+} + \mathrm{Br^-} \tag{9-b}$$

$$K_{\mathrm{sp}}^{\ominus}(\mathrm{AgBr}) = [c(\mathrm{Ag^+})/c^{\ominus}] \cdot [c(\mathrm{Br^-})/c^{\ominus}] \tag{9-2}$$

反应(9-a)+反应(9-b)得

$$AgBr(s) + n\,NH_3 \rightleftharpoons [Ag(NH_3)_n]^+ + Br^- \qquad (9\text{-c})$$

$$K^\ominus = \frac{c[Ag(NH_3)_n]^+/c^\ominus \cdot [c(Br^-)/c^\ominus]}{c(NH_3)/c^\ominus} = K_f^\ominus \cdot K_{sp}^\ominus \qquad (9\text{-}3)$$

式中：$K_f^\ominus$——配离子的稳定常数；

$K_{sp}^\ominus$——AgBr 的溶度积常数。

该式还可以表示为

$$c[Ag(NH_3)_n]^+/c^\ominus \cdot [c(Br^-)/c^\ominus] = K^\ominus \cdot [c(NH_3)/c^\ominus]^n \qquad (9\text{-}4)$$

将式(9-4)两边取对数，得直线方程：

$$\lg\left\{\frac{c[Ag(NH_3)_n]^+}{c^\ominus} \cdot \frac{c(Br^-)}{c^\ominus}\right\} = n\lg[c(NH_3)/c^\ominus] + \lg K^\ominus \qquad (9\text{-}5)$$

实验时，固定每次取用的 $AgNO_3$ 的量，以 $\lg\left\{\dfrac{c[Ag(NH_3)_n]^+}{c^\ominus} \cdot \dfrac{c(Br^-)}{c^\ominus}\right\}$ 对 $\lg[c(NH_3)/c^\ominus]$ 作图，得一条直线，斜率 $n$ 即为 $[Ag(NH_3)_n]^+$ 的配位数。由截距 $\lg K^\ominus$ 可求得 $K^\ominus$，由 $K_{sp}^\ominus$ 的数值可计算出 $K_f^\ominus$。

式(9-3)中，$c[Ag(NH_3)_n]^+$、$c(Br^-)$、$c(NH_3)$ 为平衡浓度。设在氨水大为过量的条件下，系统中只生成配离子 $[Ag(NH_3)_n]^+$ 和 AgBr 沉淀，没有其他副反应发生，各物质的平衡浓度可近似地以其在混合溶液中的初始浓度代替，计算方法如下。

设所取 $AgNO_3$ 的体积为 $V(Ag^+)$，浓度为 $c_0(Ag^+)$，加入的氨水和 KBr 溶液的体积分别为 $V(NH_3)$ 和 $V(Br^-)$，其浓度分别为 $c_0(NH_3)$ 和 $c_0(Br^-)$ 混合溶液的总体积为 $V$，则

$$V = V(Ag^+) + V(NH_3) + V(Br^-)$$

混合达到平衡时：

$$c[Ag(NH_3)_n]^+ = \frac{c_0(Ag^+) \cdot V(Ag^+)}{V}$$

$$c(Br^-) = \frac{c_0(Br^-) \cdot V(Br^-)}{V}$$

$$c(NH_3) = \frac{c_0(NH_3) \cdot V(NH_3)}{V}$$

## 三、仪器、试剂

**仪器**：吸量管(20 mL、50 mL)，锥形瓶(250 mL)，棕色酸碱两用滴定管，量筒，铁架台。

**试剂**：$AgNO_3(0.010\ mol \cdot L^{-1})$，$NH_3 \cdot H_2O(2.0\ mol \cdot L^{-1})$，$KBr(0.010\ mol \cdot L^{-1})$。

## 四、实验步骤

(1)用吸量管准确移取 0.010 mol·L⁻¹ AgNO₃ 溶液 20.00 mL 至锥形瓶中，然后加入 40.00 mL 2.0 mol·L⁻¹ NH₃·H₂O 溶液及 40.00 mL 蒸馏水，混合均匀。在不断振荡下，从滴定管中逐滴加入 0.010 mol·L⁻¹ KBr 溶液，直到刚产生的 AgBr 浑浊不再消失为止。记下所消耗的 KBr 溶液的体积 $V(Br^-)$，并计算出溶液的总体积 $V$，填入表 4-17 中。

(2)用同样的方法按表 4-17 中的用量进行另外 6 次实验。为了使每次溶液的总体积相同，在这 6 次实验中，当滴定接近终点时，还要补加适量的蒸馏水，使溶液的总体积与第一次实验相同。

**表 4-17　数据记录和处理**

| 实验编号 | $V(Ag^+)$/ mL | $V(NH_3)$/ mL | $V(Br^-)$/ mL | $V(H_2O)$/ mL | $V$/ mL | $\lg\left\{\dfrac{c[Ag(NH_3)_n]^+}{c^\ominus}\cdot\dfrac{c(Br^-)}{c^\ominus}\right\}$ | $\lg[c(NH_3)/c^\ominus]$ |
|---|---|---|---|---|---|---|---|
| 1 | 20.00 | 40.00 | | 40 | | | |
| 2 | 20.00 | 35.00 | | 40 | | | |
| 3 | 20.00 | 30.00 | | 40 | | | |
| 4 | 20.00 | 25.00 | | 40 | | | |
| 5 | 20.00 | 20.00 | | 40 | | | |
| 6 | 20.00 | 15.00 | | 40 | | | |
| 7 | 20.00 | 10.00 | | 40 | | | |

以 $\lg\{c[Ag(NH_3)_n]^+/c^\ominus\cdot[c(Br^-)/c^\ominus]\}$ 为纵坐标，$\lg[c(NH_3)/c^\ominus]$ 为横坐标作图，求出直线斜率，即为 $[Ag(NH_3)_n]^+$ 的配位数 $n$（取最接近的整数）。

## 五、思考题

1. 如何通过实验数据求得 $K_f^\ominus$？已知 AgBr 的 $K_{sp}^\ominus = 4.1\times10^{-13}$（18℃），试计算 $[Ag(NH_3)_n]^+$ 的 $K_f^\ominus$。

2. 实验中所用的锥形瓶开始时必须是干燥的，且在滴定过程中也不要用水淋洗瓶壁。这与中和滴定时的情况有何不同？为什么？

实验 9
思考题参考答案

# 实验 10　氧化还原反应和原电池

## 一、实验目的

1. 学会装配原电池。
2. 掌握原电池的原理及其电动势的测量方法。
3. 熟悉常用的氧化剂和还原剂。
4. 掌握物质的浓度、介质的酸度对电极电势、氧化还原反应的方向、产物、速率的影响。

## 二、实验原理

原电池由正负两个电极和盐桥组成。正负电极间的电势差即为原电池的电动势 $E$。公式表示为

$$E = \varphi_{(+)} - \varphi_{(-)}$$

$\varphi_{(+)}$ 和 $\varphi_{(-)}$ 分别为正极和负极的电极电势。若 $E > 0$，氧化还原反应能够正向进行；反之，若 $E < 0$，氧化还原反应不能正向进行。利用这一原理可将氧化还原反应设计为原电池。

电极的电极电势除了与电极组成有关之外，还与组成电极的物质浓度有关，这种关系可用能斯特(Nernst)方程表示。在常温下的能斯特方程为

$$\varphi = \varphi^{\ominus} + \frac{0.059\,2}{n} \lg \frac{c(\text{氧化型})/c^{\ominus}}{c(\text{还原型})/c^{\ominus}}$$

式中：$\varphi^{\ominus}$——电极的标准电极电势；

$n$——氧化型和还原型间转移电子数。

由能斯特方程可以看出，当氧化型物质的浓度降低(如生成沉淀或形成配合物)或还原型物质的浓度增大时，电极电势降低；反之，当氧化型物质的浓度升高或还原型物质的浓度减小时，电极电势会升高。当有酸或碱参与反应时，酸或碱的浓度同样会影响电极的电势，影响的结果与氧化型物质和还原型物质浓度对电极电势的影响相同。

## 三、仪器、试剂与材料

**仪器**：离心机，恒温水浴锅，饱和 KCl 盐桥，伏特计，烧杯(100 mL)，试管，离心试管，试管架。

**试剂**：$CuSO_4$（0.1 mol·$L^{-1}$、0.2 mol·$L^{-1}$），$ZnSO_4$（0.1 mol·$L^{-1}$），$NH_3 \cdot H_2O$（浓），$KI$（0.1 mol·$L^{-1}$），$FeCl_3$（0.1 mol·$L^{-1}$），$KBr$（0.1 mol·$L^{-1}$），$H_2SO_4$（1 mol·$L^{-1}$、3 mol·$L^{-1}$），$HAc$（6 mol·$L^{-1}$），$KMnO_4$（0.01 mol·$L^{-1}$、

$0.1\ mol\cdot L^{-1}$），$NaOH$（$6\ mol\cdot L^{-1}$），$Na_2S_2O_3$（$0.5\ mol\cdot L^{-1}$），$K_2Cr_2O_7$（$0.1$ $mol\cdot L^{-1}$），$KIO_3$（$0.1\ mol\cdot L^{-1}$），$AgNO_3$（$0.1\ mol\cdot L^{-1}$），$MnSO_4$（$0.1\ mol\cdot L^{-1}$），$H_2O_2$（$3\%$），淀粉（$4\%$），$CCl_4$，$KCl$（饱和），$Na_2SO_3$（$s$），（$NH_4$）$_2S_2O_8$（$s$），$NH_4F$（$s$）。

材料：导线，砂纸，电极(铁钉、铜片、锌片、碳棒)。

## 四、实验步骤

### 1. 铜-锌原电池组成及电动势的测定

在 2 个 100 mL 烧杯中，分别注入 30 mL $0.1\ mol\cdot L^{-1}\ ZnSO_4$ 溶液和 $0.1\ mol\cdot L^{-1}\ CuSO_4$ 溶液，在 $ZnSO_4$ 中插入锌片，$CuSO_4$ 中插入铜片，两溶液中间用饱和 $KCl$ 盐桥相通，用导线将锌片和铜片分别与伏特表的负极和正极相接，组成铜-锌原电池(图 4-1)。用伏特计测量两电极之间的电压。

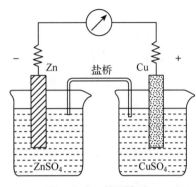

图 4-1 铜-锌原电池

### 2. 浓度对电极电势的影响

取下盛放 $CuSO_4$ 溶液的烧杯，滴加浓 $NH_3\cdot H_2O$ 直到生成的沉淀完全溶解形成深蓝色溶液为止。测量原电池电动势，与 1 的结果比较，说明浓度对电极电势及电池电动势的影响。

取下盛放 $ZnSO_4$ 溶液的烧杯，滴加浓 $NH_3\cdot H_2O$ 直到生成的沉淀完全溶解形成无色透明溶液为止。再次测量原电池电动势，说明浓度对电极电势及电池电动势的影响。

### 3. 浓度对氧化还原反应自发方向的影响

(1)取一支装有 2 滴 $0.1\ mol\cdot L^{-1}\ FeCl_3$ 溶液的试管，加入 10 滴 $0.1\ mol\cdot L^{-1}$ $KI$ 溶液，摇匀后再加入 10 滴 $CCl_4$，振荡，观察 $CCl_4$ 层颜色变化并解释。

(2)取一支装有 2 滴 $0.1\ mol\cdot L^{-1}\ FeCl_3$ 溶液的试管，加入少许 $NH_4F$ 固体，摇匀后加入 10 滴 $0.1\ mol\cdot L^{-1}\ KI$ 溶液和 10 滴 $CCl_4$，振荡，观察 $CCl_4$ 层颜色与 (1)有何不同并解释。

(3)取 $0.2\ mol\cdot L^{-1}\ CuSO_4$ 溶液 1 mL，向其中加入 $0.1\ mol\cdot L^{-1}\ KI$ 溶液 0.5 mL，观察现象。再往溶液中加入数滴 $0.5\ mol\cdot L^{-1}\ Na_2S_2O_3$ 溶液除去反应生成的 $I_2$。离心分离并观察 $CuI$ 沉淀颜色。根据相应电对的标准电极电势解释说明沉淀的生成对氧化还原反应的影响。

### 4. 酸碱度对氧化还原反应的影响

(1)酸碱度对产物的影响：取 3 支装有 2 滴 $0.01\ mol\cdot L^{-1}\ KMnO_4$ 溶液的试管，分别加入 0.5 mL $3\ mol\cdot L^{-1}\ H_2SO_4$ 溶液、0.5 mL 蒸馏水、0.5 mL $6\ mol\cdot L^{-1}$ $NaOH$ 溶液，再加入少量 $Na_2SO_3$ 固体，观察现象的不同，并写出反应方程式加以解释。

(2)酸碱度对反应方向的影响：取 2 支装有 1 mL 0.1 mol·L$^{-1}$ KI 溶液、5 滴 0.1 mol·L$^{-1}$ KIO$_3$ 溶液和 5 滴 4%淀粉溶液的试管，分别加入 0.5 mL 蒸馏水和 3 滴 1 mol·L$^{-1}$H$_2$SO$_4$ 溶液，振荡并观察现象，并解释。在加过 H$_2$SO$_4$ 的试管中再加入 5 滴 6 mol·L$^{-1}$NaOH 溶液，振荡，观察现象，写出反应方程式，并加以解释。

(3)酸碱度对氧化还原反应速率的影响：向 2 支盛有 0.5 mL 0.1 mol·L$^{-1}$KBr 溶液试管中，分别加入 0.5 mL 1 mol·L$^{-1}$H$_2$SO$_4$ 溶液和 0.5 mL 6 mol·L$^{-1}$HAc 溶液，再分别加入 2 滴 0.01 mol·L$^{-1}$KMnO$_4$ 溶液，观察溶液颜色变化的快慢，解释酸度对反应速率的影响。

**5. 常见的氧化剂和还原剂之间的反应**

(1)过二硫酸铵与硫酸锰：在盛有少量(NH$_4$)$_2$S$_2$O$_8$ 固体的试管中，加入 0.5 mL 3 mol·L$^{-1}$H$_2$SO$_4$ 溶液，再加入 2 滴 0.1 mol·L$^{-1}$Ag(NO$_3$)溶液催化，60~80℃热水浴加热试管，然后向试管中加入 1 滴 0.1 mol·L$^{-1}$MnSO$_4$溶液，继续加热，观察溶液颜色变化，写出反应方程式。

(2)高锰酸钾与过氧化氢：在 1 支试管中加入 5 滴 0.1 mol·L$^{-1}$ KMnO$_4$ 溶液，再加入 5 滴 3 mol·L$^{-1}$ H$_2$SO$_4$ 溶液，摇匀后滴加 10 滴 3% H$_2$O$_2$ 溶液，观察溶液颜色变化，写出反应方程解释。

(3)过氧化氢与碘化钾：在 1 支试管中加入 0.5 mL 0.1 mol·L$^{-1}$KI 溶液和 2~3 滴 3 mol·L$^{-1}$ H$_2$SO$_4$ 溶液，再加入 1~2 滴 3% H$_2$O$_2$ 溶液，振荡并观察溶液颜色变化。写出反应方程式，并结合(2)说明过氧化氢的氧化性和还原性。

(4)酸性重铬酸钾氧化亚硫酸钠：在 1 支试管中加入 5 滴 0.1 mol·L$^{-1}$ K$_2$Cr$_2$O$_7$ 溶液和 2~3 滴 3 mol·L$^{-1}$ H$_2$SO$_4$ 溶液，再加入少量 Na$_2$SO$_3$ 固体，振荡，并观察溶液颜色变化，写出反应方程式。

## 五、思考题

1. 在不同介质中 KMnO$_4$ 的还原产物是什么？在何种介质中 KMnO$_4$ 的氧化性最强？

2. H$_2$O$_2$ 既可以作为氧化剂，又可以作为还原剂。请问什么情况下作氧化剂，什么情况下作还原剂？

实验 10
思考题参考答案

# 实验 11　　p 区元素化合物性质

## Ⅰ　硼、碳、硅、氮、磷、锡、铅、锑、铋

## 一、实验目的

1. 掌握硼酸和硼砂的重要性质，学习硼砂珠实验的方法。

2. 了解可溶性硅酸盐的水解性和难溶硅酸盐的生成与颜色。

3. 掌握硝酸、亚硝酸及其盐的重要性质。

4. 了解磷酸盐的主要性质。

5. 掌握锡（Ⅱ）、锑（Ⅲ）、铋（Ⅲ）盐的水解性及锡（Ⅱ）的还原性和铅（Ⅳ）、铋（Ⅴ）的氧化性。

6. 掌握 $CO_3^{2-}$、$NH_4^+$、$NO_2^-$、$NO_3^-$、$PO_4^{3-}$、$Sn^{2+}$、$Pb^{2+}$、$Sb^{3+}$、$Bi^{3+}$ 的鉴定方法。

## 二、实验原理

### 1. 硼酸及硼酸盐

硼酸是一元弱酸，它在水溶液中的解离不同于一般的一元弱酸。硼酸是路易斯酸，能与水中的 $OH^-$ 结合，使溶液显酸性。向硼酸水溶液中加入甘油等多羟基化合物时，溶液的酸性增强。硼酸盐中最重要的是四硼酸钠，俗称硼砂。硼砂的水溶液因水解而呈碱性，与酸反应可析出硼酸。硼砂受强热脱水熔化为玻璃体，与不同的金属氧化物或盐类熔融生成具有不同特征颜色的偏硼酸复盐，即硼砂珠实验，根据实验的颜色特征可以鉴别金属离子。

$$H_3BO_3 + H_2O \Longrightarrow [B(OH)_4]^- + H^+$$
$$Na_2B_4O_7 + CoO \Longrightarrow Co(BO_2)_2 \cdot 2NaBO_2(蓝色)$$

### 2. 碳酸盐的性质及碳酸根离子鉴定

可溶性碳酸盐溶液呈碱性；对于其他金属离子，当其氢氧化物溶解度小于其碳酸盐时，金属离子与 $CO_3^{2-}$ 生成氢氧化物沉淀，如 $Al^{3+}$、$Fe^{3+}$、$Cr^{3+}$ 等；当氢氧化物与碳酸盐溶解度相近时，生成碱式碳酸盐，如 $Cu^{2+}$、$Mg^{2+}$、$Pb^{2+}$、$Bi^{3+}$；当碳酸盐溶解度小于氢氧化物时，生成碳酸盐，如 $Ca^{2+}$、$Sr^{2+}$、$Ba^{2+}$、$Cd^{2+}$、$Mn^{2+}$、$Ag^+$。利用该性质可以鉴定 $CO_3^{2-}$。例如，$CO_3^{2-}$ 与 $CaCl_2$ 或 $BaCl_2$ 生成沉淀，且沉淀与盐酸反应后生成的气体 $CO_2$ 能使 $Ca(OH)_2$ 或 $Ba(OH)_2$ 溶液变浑浊，该方法即可用于鉴定 $CO_3^{2-}$。

### 3. 硅酸盐的性质

硅酸钠易水解而使溶液呈碱性。硅酸钠与盐酸作用可制得硅酸，若硅酸浓度较大或向溶液中加入电解质时，则形成硅酸凝胶。硅酸凝胶脱水后，即得硅酸干胶。大多数硅酸盐难溶于水且呈现不同的颜色。

### 4. 含氮化合物

氮的主要化合物包括硝酸、亚硝酸、氨及其盐。

浓硝酸和稀硝酸都具有强氧化性，浓度越高，氧化性越强。浓硝酸与金属或非金属反应主要生成 $NO_2$，稀硝酸与金属或非金属反应通常生成 $NO$，活泼金属能将稀硝酸还原为 $NH_4^+$。

$$S + 6HNO_3(浓) \xrightarrow{\triangle} 6NO_2\uparrow + H_2SO_4 + 2H_2O$$
$$Cu + 4HNO_3(浓) \Longrightarrow Cu(NO_3)_2 + 2NO_2\uparrow + 2H_2O$$
$$3Cu + 8HNO_3(稀) \Longrightarrow 3Cu(NO_3)_2 + 2NO\uparrow + 4H_2O$$
$$4Zn + 10HNO_3(稀) \Longrightarrow 4Zn(NO_3)_2 + NH_4NO_3 + 3H_2O$$

亚硝酸极不稳定，易分解为 $N_2O_3$，$N_2O_3$ 又易分解为 NO 和 $NO_2$。亚硝酸通常以亚硝酸盐形式存在。亚硝酸盐中氮的氧化值为+3，遇强氧化剂生成硝酸盐，遇强还原剂反应时生成 NO。

$$2MnO_4^- + 5NO_2^- + 6H^+ \Longrightarrow 2Mn^{2+} + 5NO_3^- + 3H_2O$$

$$2I^- + 2NO_2^- + 4H^+ \Longrightarrow 2NO\uparrow + I_2 + 2H_2O$$

$NO_3^-$、$NO_2^-$ 及 $NH_4^+$ 的检验：$NO_3^-$ 的检验常采用棕色环法，其原理为 $NO_3^-$ 与 $FeSO_4$ 溶液在浓 $H_2SO_4$ 介质中反应时，在试液与浓 $H_2SO_4$ 液层界面处生成棕色环状的 $[Fe(NO)]^{2+}$。$NO_2^-$ 也可以采用棕色环法检验，但反应需要在乙酸介质中进行。鉴定 $NH_4^+$ 最常用的方法是用 $NH_4^+$ 与 $OH^-$ 反应生成能使红色石蕊试纸变蓝的 $NH_3(g)$ 来检验，也可以用 $NH_4^+$ 与奈斯勒(Nessler)试剂($K_2[HgI_4]$ 的 KOH 溶液)反应生成红棕色沉淀的方法进行。

$$3Fe^{2+} + NO_3^- + 4H^+ \Longrightarrow 3Fe^{3+} + NO\uparrow + 2H_2O$$

$$Fe^{2+} + NO \Longrightarrow [Fe(NO)]^{2+}$$

$$NH_4^+ + 2[HgI_4]^{2-} + 4OH^- \Longrightarrow \left[\begin{array}{c} Hg \\ O \quad\quad NH_2 \\ Hg \end{array}\right] I(s) + 7I^- + 3H_2O$$

### 5. 含磷化合物

碱金属(锂除外)和铵的磷酸盐、磷酸一氢盐和二氢盐易溶于水，常用作缓冲溶液，其他磷酸盐难溶于水。焦磷酸盐和三聚磷酸盐都具有配位作用。

$PO_4^{3-}$ 的检验常采用钼酸铵法。其原理为 $PO_4^{3-}$ 与 $(NH_4)_2MoO_4$ 溶液在硝酸介质中反应生成黄色的磷钼酸铵沉淀。

$$PO_4^{3-} + 12MoO_4^{2-} + 24H^+ + 3NH_4^+ \longrightarrow (NH_4)_3PO_4 \cdot 12MoO_3 \cdot 6H_2O(s) + 6H_2O$$

### 6. 锡、铅、锑、铋

锡、铅、锑、铋是周期系ⅣA、ⅤA族重要的金属元素。锡、铅原子的价层电子结构为 $ns^2np^2$，易形成氧化值为+2 和+4 的化合物。锑、铋原子的价层电子构型为 $ns^2np^3$，易形成氧化值为+3 和+5 的化合物。$Sn^{2+}$、$Sb^{3+}$、$Bi^{3+}$ 在水溶液中很容易水解，需要加入相应的酸抑制它们的水解。它们的氢氧化物 $Sn(OH)_2$、$Pb(OH)_2$、$Sb(OH)_3$ 都具有两性，$Bi(OH)_3$ 呈碱性。同其他元素一样，它们的低氧化态具有还原性，高氧化态具有氧化性。$Sn(Ⅱ)$ 的化合物具有较强的还原性，$Sn^{2+}$ 能将 $MnO_4^-$ 还原为 $Mn^{2+}$，将 $HgCl_2$ 还原为 $Hg_2Cl_2$。$Sb(Ⅲ)$ 具有氧化性，酸性条件下可氧化金属 Sn 为 $Sn^{2+}$。$Pb(Ⅳ)$ 和 $Bi(Ⅴ)$ 的化合物都具有强氧化性。$PbO_2$ 和 $NaBiO_3$ 都是强氧化剂，在酸性溶液中它们都能将 $Mn^{2+}$ 氧化为 $MnO_4^-$。铅的许多盐[$Pb(NO_3)_2$、$Pb(Ac)_2$ 除外]难溶于水且呈现不同的颜色，如 $PbCl_2$ 和 $PbSO_4$ 为白色，$PbI_2$ 为金黄色，$PbCrO_4$ 为黄色，PbS 为黑色。常利用 $Pb^{2+}$ 和 $CrO_4^{2-}$ 的反应鉴定 $Pb^{2+}$ 的存在。

$$5Sn^{2+} + 2MnO_4^- + 16H^+ \Longrightarrow 5Sn^{4+} + 2Mn^{2+} + 8H_2O$$

$$2Sb^{3+} + 3Sn \!=\!=\! 2Sb\downarrow + 3Sn^{2+}$$

$$2Mn^{2+} + 5PbO_2 + 4H^+ \!=\!=\! 2MnO_4^- + 5Pb^{2+} + 2H_2O$$

$$2Mn^{2+} + 5NaBiO_3 + 14H^+ \!=\!=\! 2MnO_4^- + 5Bi^{3+} + 7H_2O + 5Na^+$$

## 三、仪器、试剂与材料

**仪器**：点滴板，水浴锅，试管，玻璃棒，量筒(10 mL)，离心机。

**试剂**：

酸：$HCl$(2 mol·$L^{-1}$、6 mol·$L^{-1}$、浓)，$H_2SO_4$(1 mol·$L^{-1}$、2 mol·$L^{-1}$、6 mol·$L^{-1}$、浓)，$HNO_3$(2 mol·$L^{-1}$、6 mol·$L^{-1}$、浓)，$HAc$(2 mol·$L^{-1}$)；

碱：$NaOH$(2 mol·$L^{-1}$、6 mol·$L^{-1}$)，$Ca(OH)_2$ 饱和溶液；

盐：$Na_2CO_3$(0.1 mol·$L^{-1}$)，$Na_2SiO_3$(0.5 mol·$L^{-1}$、20%)，$NaNO_2$(0.1 mol·$L^{-1}$、1 mol·$L^{-1}$)，$KI$(0.02 mol·$L^{-1}$)，$KMnO_4$(0.01 mol·$L^{-1}$)，$KNO_3$(0.1 mol·$L^{-1}$)，$Na_3PO_4$(0.1 mol·$L^{-1}$)，$Na_2HPO_4$(0.1 mol·$L^{-1}$)，$NaH_2PO_4$(0.1 mol·$L^{-1}$)，$CaCl_2$(0.1 mol·$L^{-1}$)，$MnSO_4$(0.1 mol·$L^{-1}$)，$BiCl_3$(0.1 mol·$L^{-1}$)，$HgCl_2$(0.1 mol·$L^{-1}$)，$SnCl_2$(0.1 mol·$L^{-1}$)，$SbCl_3$(0.1 mol·$L^{-1}$)，$PbNO_3$(0.1 mol·$L^{-1}$)，$NaCl$(0.5 mol·$L^{-1}$)，$Na_2SO_4$(0.5 mol·$L^{-1}$)，$K_2CrO_4$(0.1 mol·$L^{-1}$)，$NH_4Cl$(0.1 mol·$L^{-1}$)，$NH_4Ac$(饱和溶液)；

固体：$SnCl_2 \cdot 2H_2O$，$PbO_2$，$NaBiO_3$，$Na_2B_4O_7 \cdot 10H_2O$，$H_3BO_3$，$Fe_2(SO_4)_3$，$Co(NO_3)_2 \cdot 6H_2O$，$CaCl_2$，$CuSO_4 \cdot 5H_2O$，$ZnSO_4 \cdot 7H_2O$，$NiSO_4 \cdot 7H_2O$，$FeSO_4 \cdot 7H_2O$，锡片，锌粉，硫粉，铜片；

其他：甲基橙指示剂，甘油，奈斯勒试剂，淀粉溶液(5%)，钼酸铵试剂。

**材料**：pH 试纸，红色石蕊试纸，镍铬丝。

## 四、实验步骤

**1. 硼酸和硼砂的性质**

(1)在试管中加入约 0.5 g $H_3BO_3$ 晶体和 3 mL 去离子水，观察溶解情况。微热使其全部溶解后，冷却至室温，用 pH 试纸测定溶液的 pH 值。然后在溶液中加入 1 滴甲基橙指示剂，并将溶液分成 2 份，在 1 份中加入 10 滴甘油，混合均匀，比较 2 份溶液的颜色并解释原因。

(2)在试管中加入约 1 g $Na_2B_4O_7 \cdot 10H_2O$ 和 2 mL 去离子水，微热使其溶解，用 pH 试纸测定溶液的 pH 值。然后，加入 1 mL 6 mol·$L^{-1}$ $H_2SO_4$ 溶液，将试管放在冷水中冷却，并用玻璃棒不断搅拌，片刻后观察 $H_3BO_3$ 晶体的析出。写出有关反应的离子方程。

(3)硼砂珠实验：用环形镍铬丝沾取浓 HCl(盛在试管中)，在氧化焰中灼烧至无色，然后迅速蘸取少量 $Na_2B_4O_7 \cdot 10H_2O$，在氧化焰中灼烧至玻璃状。用烧红的硼砂珠蘸取少量 $Co(NO_3)_2 \cdot 6H_2O$，在氧化焰中烧至熔融，冷却后对着亮光观察硼砂珠的颜色。写出反应方程式。

**2. $CO_3^{2-}$ 的鉴定**

在试管中加入 1 mL 0.1 mol·$L^{-1}$ $Na_2CO_3$ 溶液,往其中滴加 0.1 mol·$L^{-1}$ $CaCl_2$ 溶液观察沉淀的生成,再往试管中滴加 2 mol·$L^{-1}$ HCl 溶液,观察沉淀的变化并立即用带导管的塞子盖紧试管口,将产生的气体通入 $Ca(OH)_2$ 饱和溶液中,观察现象。写出反应方程式。

**3. 硅酸盐的性质**

(1)在试管中加入 1 mL 0.5 mol·$L^{-1}$ $Na_2SiO_3$ 溶液,用 pH 试纸测其 pH 值。然后,逐滴加入 6 mol·$L^{-1}$ HCl 溶液,控制溶液的 pH 值在 6~9,微热并观察硅酸凝胶的生成。写出反应方程式。

(2)"水中花园"实验:在 50 mL 烧杯中加入约 30 mL 20% $Na_2SiO_3$ 溶液,然后在不同位置加入 $CaCl_2$、$CuSO_4 \cdot 5H_2O$、$ZnSO_4 \cdot 7H_2O$、$Fe_2(SO_4)_3$、$Co(NO_3)_2 \cdot 6H_2O$、$NiSO_4 \cdot 7H_2O$ 晶体各一小粒,静止 1~2 h 后观察硅酸盐"石笋"的生成和颜色并记录。

**4. 硝酸的氧化性**

取 3 支试管,分别加入少量硫粉、锌粉和铜片,再往试管中滴加几滴浓 $HNO_3$,观察现象;用 2 mol·$L^{-1}$ $HNO_3$ 溶液进行同样的实验,观察现象,并取清液检验是否有 $NH_4^+$ 生成。对比以上反应写出反应方程式。注意:该实验请在通风橱中进行。

**5. 亚硝酸及其盐的性质**

(1)在试管中加入 10 滴 1 mol·$L^{-1}$ $NaNO_2$ 溶液,然后滴加 6 mol·$L^{-1}$ $H_2SO_4$ 溶液,观察溶液和液面上气体的颜色(若室温较高,将试管放在冷水中冷却)。解释该现象,写出反应方程式。提示:$N_2O_3$ 在水溶液中呈淡蓝色。

(2)向一支试管中加入 0.1 mol·$L^{-1}$ $NaNO_2$ 溶液,再加入 0.02 mol·$L^{-1}$ KI 溶液和 1 mol·$L^{-1}$ $H_2SO_4$ 溶液各 2 滴,然后加入 5% 淀粉溶液,观察现象,写出反应方程式并说明 $NaNO_2$ 的氧化性。

(3)向一支试管中加入 0.1 mol·$L^{-1}$ $NaNO_2$ 溶液,再加入 0.01 mol·$L^{-1}$ $KMnO_4$ 溶液和 1 mol·$L^{-1}$ $H_2SO_4$ 溶液各 2 滴,观察现象,写出反应方程式并说明 $NaNO_2$ 的还原性。

**6. $NO_3^-$、$NO_2^-$ 及 $NH_4^+$ 的鉴定**

(1)$NO_3^-$ 的鉴定:在试管中加入 1 mL 0.1 mol·$L^{-1}$ $KNO_3$ 溶液,再加入少量 $FeSO_4 \cdot 7H_2O$ 晶体,摇荡试管使其溶解。然后,左手斜持试管,右手沿试管壁小心滴加 1 mL 浓 $H_2SO_4$,注意不要振动试管,静置片刻,观察两种液体界面处的棕色环。写出反应方程式。

(2)$NO_2^-$ 的鉴定:在试管中加入 1 滴 0.1 mol·$L^{-1}$ $NaNO_2$ 溶液,用去离子水稀释至 1 mL,再加少量 $FeSO_4 \cdot 7H_2O$ 晶体,摇荡试管使其溶解,最后加入 2 mol·$L^{-1}$

HAc 溶液，观察现象并解释。

（3）$NH_4^+$ 的鉴定：方法一，在试管中加入少量 0.1 mol·$L^{-1}$ $NH_4Cl$ 溶液和 2 mol·$L^{-1}$NaOH 溶液，微热，在试管口用湿润的红色石蕊试纸检验逸出的气体，写出反应方程式。方法二，在白色的点滴板上滴 1 滴 0.1 mol·$L^{-1}$ $NH_4Cl$ 溶液，再滴 1 滴奈斯勒试剂，观察现象并写出反应方程式。

**7. 磷酸盐的性质及 $PO_4^{3-}$ 的鉴定**

（1）用玻璃棒分别蘸取少量 0.1 mol·$L^{-1}$$Na_3PO_4$ 溶液、0.1 mol·$L^{-1}$$Na_2HPO_4$ 溶液和 0.1 mol·$L^{-1}$$NaH_2PO_4$ 溶液，用 pH 试纸测其 pH 值。计算各溶液的理论 pH 值说明测定结果。

（2）在 3 支试管中各加入几滴 0.1 mol·$L^{-1}$ $CaCl_2$ 溶液，然后分别滴加 0.1 mol·$L^{-1}$$Na_3PO_4$ 溶液、0.1 mol·$L^{-1}$$Na_2HPO_4$ 溶液、0.1 mol·$L^{-1}$$NaH_2PO_4$ 溶液，观察各试管中现象有何不同，并比较 3 种钙盐的水溶性大小。

（3）取几滴 0.1 mol·$L^{-1}$$Na_3PO_4$ 溶液，加入 10 滴浓 $HNO_3$，再加 1 mL 钼酸铵试剂，用 40℃水浴微热。观察现象并写出反应方程式。

**8. 锡、铅、锑、铋化合物的性质**

（1）Sn（Ⅱ）、Sb（Ⅲ）和 Bi（Ⅲ）盐的水解及其氢氧化物的酸碱性：

①取 2 支试管各加入少量 $SnCl_2$·$2H_2O$ 晶体，再加 1~2 mL 去离子水，观察现象。再往这 2 支试管中分别加入几滴 6 mol·$L^{-1}$ HCl 溶液和 6 mol·$L^{-1}$ NaOH 溶液，观察现象并说明 $Sn(OH)_2$ 的酸碱性。

②用 0.1 mol·$L^{-1}$ $SbCl_3$ 溶液和 0.1 mol·$L^{-1}$ $BiCl_3$ 溶液代替 $SnCl_2$·$2H_2O$ 晶体，做同上实验，观察现象说明 Sb（Ⅲ）和 Bi（Ⅲ）氢氧化物的酸碱性。

（2）锡、铅、锑、铋化合物的氧化还原性：

①Sn（Ⅱ）的还原性。取 1~2 滴 0.1 mol·$L^{-1}$ $HgCl_2$ 溶液，然后逐滴加入 0.1 mol·$L^{-1}$ $SnCl_2$ 溶液，观察现象。写出反应方程式。在另一支试管中加入约 0.5 mL 0.01 mol·$L^{-1}$$KMnO_4$ 溶液，用 2 mol·$L^{-1}$ $H_2SO_4$ 酸化，再逐滴加入 0.1 mol·$L^{-1}$$SnCl_2$ 溶液至 $KMnO_4$ 溶液褪色，用反应方程式说明原因。

②$PbO_2$ 的氧化性。取少量 $PbO_2$ 固体，加入 1 mL 6 mol·$L^{-1}$ $HNO_3$ 溶液，1 滴 0.1 mol·$L^{-1}$ $MnSO_4$ 溶液，微热后静置片刻，观察现象。写出反应方程式。

③Sb（Ⅲ）的氧化性。在点滴板上放一小块光亮的锡片，然后滴 1 滴 0.1 mol·$L^{-1}$ $SbCl_3$ 溶液，观察锡片表面的变化。写出反应方程式。

④$NaBiO_3$ 的氧化性。取 1 滴 0.1 mol·$L^{-1}$ $MnSO_4$ 溶液，加入 1 mL 6 mol·$L^{-1}$ $HNO_3$ 溶液，加入少量固体 $NaBiO_3$，微热，观察现象。写出离子反应方程式。

（3）铅（Ⅱ）难溶盐的生成与溶解：

①用 0.1 mol·$L^{-1}$ $Pb(NO_3)_2$ 溶液和 0.5 mol·$L^{-1}$ NaCl 溶液制取少量的 $PbCl_2$ 沉淀，观察其颜色。分别实验其在热水和浓 HCl 中的溶解情况。

②用 0.1 mol·$L^{-1}$ $Pb(NO_3)_2$ 溶液和 0.5 mol·$L^{-1}$ $Na_2SO_4$ 溶液制取少量的 $PbSO_4$ 沉淀，观察其颜色。分别实验其在浓 $H_2SO_4$ 和 $NH_4Ac$ 饱和溶液中的溶解情况。

③用 $0.1\ mol \cdot L^{-1}\ Pb(NO_3)_2$ 溶液和 $0.1\ mol \cdot L^{-1}\ K_2CrO_4$ 溶液制取少量的 $PbCrO_4$ 沉淀，观察其颜色。分别实验其在 $6\ mol \cdot L^{-1}\ NaOH$ 溶液和 $6\ mol \cdot L^{-1}\ HNO_3$ 中的溶解情况。

实验 11- I
思考题参考答案

## 五、思考题

1. 为什么硼砂的水溶液具有缓冲作用？

2. 如何用简单的方法区别硼砂、$Na_2CO_3$ 和 $Na_2SiO_3$？

3. 为什么一般情况下不用硝酸作为酸性反应介质？

4. 检验 $Pb(OH)_2$ 碱性时，为什么不能用稀盐酸或稀硫酸？

5. 如何配制 $SnCl_2$ 溶液？为什么要加入盐酸和锡粒？

# II 氧、硫、氯、溴、碘

## 一、实验目的

1. 掌握过氧化氢的氧化性和还原性。

2. 掌握硫化氢的还原性、亚硫酸及其盐的性质、硫代硫酸及其盐的性质和过二硫酸盐的氧化性；了解金属硫化物的溶解性的一般规律。

3. 掌握卤素单质氧化性和卤化氢还原性的递变规律；掌握卤素含氧酸盐的氧化性。

4. 掌握 $S^{2-}$、$SO_3^{2-}$、$S_2O_3^{2-}$、$Cl^-$、$Br^-$、$I^-$ 的鉴定方法。

## 二、实验原理

氧、硫、氯、溴、碘都可以形成多种不同氧化数的物质。这些物质具有以下规律性：低氧化数物质具有还原性，中间氧化数物质既有氧化性又有还原性，高氧化数物质具有氧化性。

氧元素的重要化合物是 $H_2O_2$，它既具有氧化性，又具有还原性。在酸性溶液中，$H_2O_2$ 能与 $Cr_2O_7^{2-}$ 反应，生成蓝色的过氧化铬 $CrO(O_2)_2$，也写作 $CrO_5$，常温下，$CrO_5$ 在水溶液中很不稳定，易分解成 $Cr^{3+}$ 和 $O_2$，这一反应可用于 $H_2O_2$ 的鉴定。

$$4H_2O_2 + Cr_2O_7^{2-} + 2H^+ \rightleftharpoons 2CrO_5 + 5H_2O$$

$$4CrO_5 + 12H^+ \rightleftharpoons 4Cr^{3+} + 6H_2O + 7O_2 \uparrow$$

硫元素可以形成多种化合物，它们除了可以与其他物质反应外，不同性质的硫化物之间也可以发生反应。$H_2S$ 具有强还原性，可与 $KMnO_4$、$Fe^{3+}$ 等多种氧化剂反应，产物随氧化剂氧化能力不同而变化。在含有 $S^{2-}$ 的溶液中加入稀酸，生成的 $H_2S$ 气体能使湿润的 $Pb(Ac)_2$ 试纸变黑，该法常用来检验 $S^{2-}$。亚硫酸及其盐常作为还原剂，遇到比其强的还原剂时也可作氧化剂。$H_2S_2O_3$ 不稳定，易分解为 $S$ 和 $SO_2$。$Na_2S_2O_3$ 常用作还原剂，能将 $I_2$ 还原为 $I^-$，本身被氧化为 $S_4O_6^{2-}$，该反应常在定量分析中使用。$S_2O_3^{2-}$ 与 $Ag^+$ 先生成白色的 $Ag_2S_2O_3$ 沉淀，随后 $Ag_2S_2O_3$ 发生水解，伴随一系列颜色变化，最后生成黑色的 $Ag_2S$ 沉淀，该反应常用于检验 $S_2O_3^{2-}$。硫元素的化合物中氧化性最强的是过二硫酸盐。它能在酸性条件下将 $Mn^{2+}$ 氧化为 $MnO_4^-$，为加快反应，该反应常在 $Ag^+$ 下进行。

$$H_2SO_3 + I_2 + H_2O \Longrightarrow SO_4^{2-} + 2I^- + 4H^+$$

$$H_2SO_3 + 2H_2S \Longrightarrow 3S\downarrow + 3H_2O$$

$$2S_2O_3^{2-} + I_2 \Longrightarrow S_4O_6^{2-} + 2I^-$$

$$2Ag^+ + S_2O_3^{2-} \Longrightarrow Ag_2S_2O_3(s)$$

$$Ag_2S_2O_3(s) + H_2O \Longrightarrow Ag_2S(s) + H_2SO_4$$

$$5K_2S_2O_8 + 2MnSO_4 + 8H_2O \xrightarrow{Ag^+} 5K_2SO_4 + 2HMnO_4 + 7H_2SO_4$$

卤素中重要的元素为氯、溴、碘。其单质氧化性的强弱次序为 $Cl_2>Br_2>I_2$。卤素负离子还原性强弱的次序为 $I^- > Br^- > Cl^- > F^-$。$I^-$ 和 $Br^-$ 都可以被 $Cl_2$ 氧化为 $I_2$ 和 $Br_2$，在过量 $Cl_2$ 作用下，$I_2$ 进一步被氧化为无色的 $IO_3^-$。卤素单质碱性介质中发生歧化，生成卤素负离子 $X^-$ 和 $XO^-$（或 $XO_3^-$），酸性介质中发生歧化反应的逆反应。卤酸盐在酸性条件下都具有强氧化性，其强弱次序为 $BrO_3^- > ClO_3^- > IO_3^-$。卤素负离子 $Cl^-$、$Br^-$、$I^-$ 都可以与 $Ag^+$ 反应分别生成 $AgCl$（白色）、$AgBr$（浅黄）、$AgI$（黄色）沉淀，它们的溶度积依次减小，且都不溶于稀 $HNO_3$。$AgCl$ 能溶于稀氨水或 $(NH_4)_2CO_3$ 溶液，生成 $\left[Ag(NH_3)_2\right]^+$，再加入稀 $HNO_3$ 时，$AgCl$ 会重新沉淀出来，由此可以鉴定 $Cl^-$ 的存在。$AgBr$ 和 $AgI$ 不溶于稀氨水或 $(NH_4)_2CO_3$ 溶液，它们在 $HAc$ 介质中能被 $Zn$ 还原为 $Ag$，可使 $Br^-$ 和 $I^-$ 转入溶液中，再用氯水氧化，最后用 $CCl_4$ 提取 $Br_2$，$I^-$ 则以无色的 $IO_3^-$ 存在于水溶液中。据此可以鉴定并分离卤素负离子。

## 三、仪器、试剂与材料

**仪器**：点滴板，离心机，水浴锅。

**试剂**：

酸：$HCl$（2 mol · $L^{-1}$、浓），$HNO_3$（2 mol · $L^{-1}$），$H_2SO_4$（1 mol · $L^{-1}$、2 mol · $L^{-1}$、1:1、浓），$HAc$（6 mol · $L^{-1}$）；

碱：$NaOH$（2 mol · $L^{-1}$），$NH_3$ · $H_2O$（2 mol · $L^{-1}$）；

盐：$KI$（0.1 mol · $L^{-1}$），$KBr$（0.1 mol · $L^{-1}$），$K_2Cr_2O_7$（0.1 mol · $L^{-1}$），$NaCl$（0.1 mol · $L^{-1}$），$KMnO_4$（0.01 mol · $L^{-1}$），$KClO_3$（饱和），$KIO_3$（0.1 mol · $L^{-1}$），$FeCl_3$（0.1 mol · $L^{-1}$），$Na_2S_2O_3$（0.1 mol · $L^{-1}$），$Na_2S$（0.1 mol · $L^{-1}$），$AgNO_3$（0.1 mol · $L^{-1}$），$NaHSO_3$（0.1 mol · $L^{-1}$），$Pb(NO_3)_2$（0.1 mol · $L^{-1}$）；

固体：$NaCl$，$KBr$，$KI$，锌粉；

其他：$CCl_4$，$SO_2$（饱和），$H_2S$（饱和），$H_2O_2$（3%），淀粉，氯水（饱和），溴水（饱和），碘水（0.01 mol · $L^{-1}$，饱和），戊醇，品红。

材料：pH 试纸，KI-淀粉试纸，$Pb(Ac)_2$ 试纸，蓝色石蕊试纸。

## 四、实验步骤

### 1. 过氧化氢的性质

（1）取一支试管，加入 10 滴 $0.1\ mol\cdot L^{-1}Pb(NO_3)_2$ 溶液，再加入几滴饱和 $H_2S$ 溶液至产生黑色的 PbS 沉淀，最后加入几滴 3% $H_2O_2$ 溶液，振荡并观察沉淀的变化，写出反应方程式。

（2）取一支试管，加入 3%$H_2O_2$ 溶液和戊醇各 10 滴，加入几滴 $1\ mol\cdot L^{-1}$ $H_2SO_4$ 溶液和 1 滴 $0.1\ mol\cdot L^{-1}K_2Cr_2O_7$ 溶液，摇荡试管，注意观察现象。写出反应方程式。

### 2. 硫化氢的还原性和 $S^{2-}$ 的鉴定

（1）取 10 滴 $0.01\ mol\cdot L^{-1}KMnO_4$ 溶液，用 $2\ mol\cdot L^{-1}H_2SO_4$ 溶液酸化后，再滴加饱和 $H_2S$ 溶液至溶液变为无色，注意观察该过程中现象的变化。写出反应方程式。

（2）取 10 滴 $0.1\ mol\cdot L^{-1}$ $FeCl_3$ 溶液与饱和 $H_2S$ 溶液反应，观察现象。写出反应方程式。

（3）在试管中加入 10 滴 $0.1\ mol\cdot L^{-1}Na_2S$ 溶液和 $2\ mol\cdot L^{-1}HCl$ 溶液，用湿润的 $Pb(Ac)_2$ 试纸检查逸出的气体。写出有关的反应方程式。

### 3. 亚硫酸的性质和 $SO_3^{2-}$ 的鉴定

（1）取 10 滴饱和碘水，加 1 滴淀粉溶液，再加数滴饱和 $SO_2$ 溶液，观察现象。写出反应方程式。

（2）取 10 滴饱和 $H_2S$ 溶液，滴加饱和 $SO_2$ 溶液，观察现象。写出反应方程式。

（3）取 1 mL 品红溶液，加入 1~2 滴饱和 $SO_2$ 溶液，摇荡后静止片刻，观察溶液颜色的变化。

### 4. 硫代硫酸及其盐的性质

（1）在试管中加入 10 滴 $0.1\ mol\cdot L^{-1}Na_2S_2O_3$ 溶液和 $2\ mol\cdot L^{-1}HCl$ 溶液，摇荡片刻，观察现象，并用湿润的蓝色石蕊试纸检验逸出的气体。写出反应方程式。

（2）取 10 滴 $0.01\ mol\cdot L^{-1}$ 碘水，加 1 滴淀粉溶液，逐滴加入 $0.1\ mol\cdot L^{-1}$ $Na_2S_2O_3$ 溶液，观察现象。写出反应方程式。

（3）取 10 滴饱和氯水，滴加 $0.1\ mol\cdot L^{-1}Na_2S_2O_3$ 溶液，观察现象并检验是否有 $SO_4^{2-}$ 生成。

（4）在点滴板上加 1 滴 $0.1\ mol\cdot L^{-1}Na_2S_2O_3$ 溶液，再滴加 $0.1\ mol\cdot L^{-1}AgNO_3$ 溶液至生成白色沉淀，观察颜色的变化。写出有关的反应方程式。

### 5. 卤化氢的还原性

在 3 支干燥的试管中分别加入米粒大小的 NaCl、KBr 和 KI 固体，再分别加入 2~3 滴浓 $H_2SO_4$，观察现象，并分别用湿润的 pH 试纸、KI-淀粉试纸和

Pb(Ac)$_2$ 试纸检验逸出的气体(应在通风橱内进行实验,并立即清洗试管),写出反应式,说明浓 H$_2$SO$_4$ 是否被还原及还原产物是什么,并据此比较 Cl$^-$、Br$^-$ 和 I$^-$ 还原性的相对强弱。

**6. 氯、溴、碘含氧酸盐的氧化性**

(1)次氯酸盐的氧化性和漂白性:取 2 mL 氯水,逐滴加入 2 mol·L$^{-1}$NaOH 溶液至呈弱碱性,然后将溶液分装在 3 支试管中。在第一支试管中加入 2 mol·L$^{-1}$ HCl 溶液,用湿润的 KI–淀粉试纸检验逸出的气体;在第二支试管中加入 0.1 mol·L$^{-1}$KI 溶液及 1 滴淀粉溶液,观察现象;在第三支试管中滴加品红溶液,观察现象。写出有关的反应方程式。

(2)卤酸盐氧化性:取几滴饱和 KClO$_3$ 溶液,加入几滴浓盐酸,检验逸出的气体。写出反应方程式。取 2 滴 0.1 mol·L$^{-1}$KI 溶液,加入 4 滴饱和 KClO$_3$ 溶液,观察反应是否进行,再逐滴加入 H$_2$SO$_4$(1∶1)溶液,不断摇荡,观察溶液颜色的变化。写出各步反应方程式。取几滴 0.1 mol·L$^{-1}$KIO$_3$ 溶液,酸化后加数滴 CCl$_4$,再滴加 0.1 mol·L$^{-1}$NaHSO$_3$ 溶液,摇荡,观察现象。写出离子反应方程式。

**7. Cl$^-$、Br$^-$ 和 I$^-$ 的分离与鉴定**

取一支离心试管,加入 0.1 mol·L$^{-1}$ NaCl 溶液、KBr 溶液和 KI 溶液各 2 滴,混匀。加几滴 2 mol·L$^{-1}$ HNO$_3$ 溶液酸化,然后加入 0.1 mol·L$^{-1}$AgNO$_3$ 溶液至沉淀完全,离心,倾泻法弃去上清液,用去离子水重复以上操作,洗涤沉淀 2 次。往沉淀中加入 2 mL 2 mol·L$^{-1}$ NH$_3$·H$_2$O 溶液,充分振荡摇匀,使 AgCl 沉淀完全转化为[Ag(NH$_3$)$_2$]$^+$。离心,保留沉淀并将上清液转移到另外一支离心试管中,向该清液中加入 2 mol·L$^{-1}$ HNO$_3$ 至白色沉淀出现,分离和鉴定 Cl$^-$。将另一支离心管中的沉淀用去离子水洗涤并离心分离两次,弃去上清液。向洗净的沉淀中加入少许锌粉和 1 mL 6 mol·L$^{-1}$HAc 溶液,充分振摇(若反应慢可在水浴加热)至反应完全,离心分离,将上清液取转移至一支试管中,向其中加入 0.5 mL CCl$_4$,再逐滴加入饱和溴水,边加边振荡试管,并仔细观察溶液的颜色变化。试解释颜色变化的原因,并说明 Br$^-$ 和 I$^-$ 以哪种形式存在哪一相中。写出现象和有关反应的离子方程式。

## 五、思考题

1. 实验 K$_2$S$_2$O$_8$ 氧化 Mn$^{2+}$ 时,为什么要加入 AgNO$_3$?

2. S$^{2-}$、SO$_3^{2-}$、S$_2$O$_3^{2-}$、SO$_4^{2-}$ 这 4 种离子是否可以共存?再加入 S$_2$O$_8^{2-}$,又会怎样?

3. 长久放置的 H$_2$S 溶液、Na$_2$S 溶液和 Na$_2$SO$_3$ 溶液会发生什么变化?如何判断变化情况?

4. 用 KI–淀粉试纸检验氯气时,试纸先呈蓝色,当在氯气中放置较长时间时,会发生怎样的颜色变化,为什么?

5. 鉴定 Cl$^-$ 时,为什么要先加稀 HNO$_3$?

实验 11-Ⅱ
思考题参考答案

# 实验 12　d 区与 ds 区元素化合物性质

## Ⅰ　钛、钒、铬、锰、铁、钴、镍

### 一、实验目的

1. 了解不同氧化态 d 区元素性质的规律性。
2. 掌握 d 区元素重要化合物的性质。
3. 掌握 d 区元素重要离子的鉴定方法。
4. 了解同一元素不同氧化态之间的转化。
5. 掌握铁、钴、镍配合物的生成和性质。

### 二、实验原理

这里重点介绍第四周期 d 区元素，包括钛、钒、铬、锰、铁、钴、镍元素。这些元素普遍偏金属性。由于有 d 电子的存在，容易形成多种氧化数的化合物。例如，钒的氧化数为 +5、+4、+3、+2，铬的重要氧化值为 +3 和 +6；锰的重要氧化值为 +2，+4，+6 和 +7；铁、钴、镍的重要氧化值都是 +2 和 +3。它们的低氧化数化合物一般多表现还原性，且随着反应介质的碱性增加，还原性增强；高氧化数化合物一般都具有氧化性，且随反应介质的酸性增加，氧化性增强。

它们的氧化物或氢氧化物一般都难溶于水。氧化数不同往往颜色不同(表 4-18)。

**表 4-18　d 区元素重要离子及化合物颜色**

| 离子/化合物 | 颜色 | 离子/化合物 | 颜色 | 离子/化合物 | 颜色 | 离子/化合物 | 颜色 |
|---|---|---|---|---|---|---|---|
| $[Ti(H_2O)_6]^{3+}$ | 紫色 | $[V(H_2O)_6]^{3+}$ | 绿色 | $TiO_2$ | 白色 | $Ni_2O_3$ | 黑色 |
| $[TiCl(H_2O)_5]^{2+}$ | 绿色 | $VO^{2+}$ | 蓝色 | $MnO_2$ | 棕褐色 | NiS | 黑色 |
| $[V(H_2O)_6]^{2+}$ | 紫色 | $[Ni(H_2O)_6]^{2+}$ | 亮绿色 | NiO | 暗绿色 | $Mn(OH)_2$ | 白色 |
| $Fe(OH)_2$ | 白色或苍绿色 | FeS | 棕黑色 | $Cr_2O_3$ | 绿色 | $[Co(H_2O)_6]^{2+}$ | 粉红色 |
| $VO_2^+$ | 浅黄色 | CdS | 黄色 | $CrO_3$ | 红色 | $[Co(NH_3)_6]^{2+}$ | 黄色 |
| $[Cr(H_2O)_6]^{2+}$ | 蓝色 | $Fe(OH)_3$ | 红棕色 | CoO | 灰绿色 | $[Co(NH_3)_6]^{3+}$ | 橙黄色 |
| $[Cr(H_2O)_6]^{3+}$ | 紫色 | $Cd(OH)_2$ | 白色 | $Fe_2S_3$ | 黑色 | FeO | 黑色 |
| $[Cr(H_2O)_5Cl]^{2+}$ | 浅绿色 | $CrO_2^-$ | 绿色 | MnS | 肉色 | $Fe_2O_3$ | 砖红色 |
| $[Cr(NH_3)_6]^{3+}$ | 黄色 | $CrO_4^{2-}$ | 黄色 | $Ni(OH)_2$ | 浅绿色 | $Fe_3O_4$ | 黑色 |
| $[Ni(NH_3)_6]^{2+}$ | 蓝色 | $Cr_2O_7^{2-}$ | 橙色 | $Ni(OH)_3$ | 黑色 | CoS | 黑色 |
| $V_2O_3$ | 黑色 | $[Mn(H_2O)_6]^{2+}$ | 肉色 | $[Fe(H_2O)_6]^{2+}$ | 浅绿色 | ZnS | 白色 |
| $V_2O_5$ | 红棕色 | $MnO_4^-$ | 紫红色 | $[Fe(CN)_6]^{4-}$ | 黄色 | $Co(OH)_2$ | 粉红色 |
| $Co_2O_3$ | 黑色 | $MnO_4^{2-}$ | 绿色 | $[Fe(NCS)_n]^{3-n}$ | 血红色 | $Cr(OH)_3$ | 灰绿色 |

**1. 钛的化合物**

钛最重要的化合物为 $TiO_2$ 和 $TiCl_4$。

$TiO_2$ 既不溶于水也不溶于稀酸和稀碱溶液，但在热的浓硫酸中能够缓慢地溶解生成硫酸钛或硫酸氧钛。若继续升高溶液温度至沸，则得到既不溶于酸也不溶于碱的 $\beta$ 型钛酸[即偏钛酸 $H_3TiO_3$]；若往该酸性钛盐中加碱，则可得到能溶于稀酸或浓碱的 $\alpha$ 型钛酸[即 $Ti(OH)_4$]。

$$TiO_2 + 2H_2SO_4 \stackrel{\triangle}{=\!=\!=} Ti(SO_4)_2 + 2H_2O$$

$$TiO_2 + H_2SO_4 \stackrel{\triangle}{=\!=\!=} TiOSO_4 + H_2O$$

$$TiOSO_4 + (x+1)H_2O =\!=\!= TiO_2 \cdot xH_2O + H_2SO_4$$

$$TiOSO_4 + 2NaOH + H_2O =\!=\!= Ti(OH)_4 + Na_2SO_4$$

$TiCl_4$ 是偏共价型化合物，常温下是具有刺激性的无色臭味液体，极易水解，暴露在空气中会发烟。

$$TiCl_4 + 2H_2O =\!=\!= TiO_2 + 4HCl$$

**2. 钒的化合物**

钒最重要的化合物为 $V_2O_5$，常温下呈橙黄色或砖红色的晶体，有毒，可以由加热偏钒酸铵 $NH_4VO_3$ 的方法制得。$V_2O_5$ 是偏酸性的两性氧化物，溶于水显酸性，溶于碱生成偏钒酸盐，在强碱性溶液中则生成正钒酸盐。

$$2NH_4VO_3 \stackrel{\triangle}{=\!=\!=} V_2O_5 + 2NH_3 + H_2O$$

$$V_2O_5 + H_2O \stackrel{煮沸}{=\!=\!=} 2HVO_3(偏钒酸) \quad (pH \approx 5\sim6)$$

$$V_2O_5 + 2NaOH =\!=\!= 2NaVO_3 + H_2O$$

$$V_2O_5 + 6NaOH =\!=\!= 2Na_3VO_4 + 3H_2O$$

在酸性溶液中，$V_2O_5$ 氧化剂很强。与浓盐酸反应时可以将 $Cl^-$ 氧化成 $Cl_2$，该反应可用于钒的鉴定。

$$V_2O_5 + 2Cl^- + 6H^+ =\!=\!= 2VO^{2+} + Cl_2(g) + 3H_2O$$

在偏钒酸盐的酸性溶液中，加入锌，可依次得到 $V(IV)$、$V(III)$、$V(II)$ 钒的化合物，并伴随一系列颜色的变化。同时，低氧化数的钒也可被 $KMnO_4$ 氧化成高氧化数。

$$NH_4VO_3(无色) + 2HCl =\!=\!= VO_2Cl + NH_4Cl + H_2O$$

$$2VO_2Cl + 4HCl + Zn =\!=\!= 2VOCl_2(蓝色) + ZnCl_2 + 2H_2O$$

$$2VOCl_2 + 4HCl + Zn =\!=\!= 2VCl_3(绿色) + ZnCl_2 + 2H_2O$$

$$2VCl_3 + Zn =\!=\!= 2VCl_2(紫色) + ZnCl_2$$

**3. 铬的化合物**

在铬的化合物中，铬的氧化数以 +3、+6 最为常见。

在 $Cr(III)$ 盐溶液中加碱得到蓝绿色的沉淀 $Cr(OH)_3$，$Cr(OH)_3$ 是两性氢氧化物，与 $NaOH$ 反应所得的绿色 $Na[Cr(OH)_4]$。在碱性溶液中，$[Cr(OH)_4]^-$ 具

有还原性，可被 $H_2O_2$ 氧化为铬酸盐 $CrO_4^{2-}$。$CrO_4^{2-}$ 在酸性溶液中转变为 $Cr_2O_7^{2-}$。相反，酸性溶液中，$Cr_2O_7^{2-}$ 具有较强的氧化性，可将 $H_2O_2$ 等物质氧化，$Cr_2O_7^{2-}$ 与 $H_2O_2$ 反应能生成深蓝色的 $CrO_5$，$CrO_5$ 不稳定(在乙醚或戊醇中可稳定存在)，很快分解为 $Cr^{3+}$ 并放出氧气。利用上述一系列反应，可以鉴定 $Cr^{3+}$、$CrO_4^{2-}$ 和 $Cr_2O_7^{2-}$ 离子。

$$Cr(OH)_3+OH^- = [Cr(OH)_4]^-(绿)+2H_2O$$
$$2[Cr(OH)_4]^-+3H_2O_2+2OH^- = 2CrO_4^{2-}(黄色)+8H_2O$$
$$2CrO_4^{2-}+2H^+ = Cr_2O_7^{2-}(橙色)+H_2O$$
$$2CrO_4^{2-}+4H_2O_2+2H^+ = 2CrO(O_2)_2(蓝色)+5H_2O$$
$$Cr_2O_7^{2-}+6Fe^{2+}+14H^+ = 2Cr^{3+}+6Fe^{3+}+7H_2O$$

铬酸盐的溶解度一般比重铬酸盐的小。因此，在重铬酸盐溶液中分别加入 $Ba^{2+}$、$Ag^+$、$Pb^{2+}$ 等，能生成相应的铬酸盐沉淀。$BaCrO_4$、$Ag_2CrO_4$、$PbCrO_4$ 的 $K_{sp}^{\ominus}$ 值分别为 $1.17\times10^{-10}$、$1.12\times10^{-12}$、$2.8\times10^{-13}$。

$$2Ba^{2+}+Cr_2O_7^{2-}+H_2O = 2BaCrO_4\downarrow(黄色)+2H^+$$
$$4Ag^++Cr_2O_7^{2-}+H_2O = 2Ag_2CrO_4\downarrow(砖红色)+2H^+$$
$$2Pb^{2+}+Cr_2O_7^{2-}+H_2O = 2PbCrO_4\downarrow(黄色)+2H^+$$

**4. 锰的化合物**

锰的主要氧化数为+2、+4、+6 和+7。

在碱性介质中，$Mn(OH)_2$(白色)不稳定，具有还原性，易被空气中 $O_2$ 氧化为 $MnO(OH)_2$。$MnO(OH)_2$ 不稳定分解产生棕色的 $MnO_2$ 和 $H_2O$。在酸性溶液中，$Mn^{2+}$ 很稳定，只有用强氧化剂(如 $NaBiO_3$、$PbO_2$、$S_2O_8^{2-}$ 等)才能将它氧化为紫红色 $MnO_4^-$。该反应可以鉴定 $Mn^{2+}$。在近中性介质中，$Mn^{2+}$ 与 $MnO_4^-$ 反应生成 $MnO_2$。

$$2Mn(OH)_2+O_2 = 2MnO(OH)_2(s,褐色)$$
$$2Mn^{2+}+5NaBiO_3+14H^+ = 2MnO_4^-+5Bi^{3+}+5Na^++7H_2O$$
$$2KMnO_4+3MnSO_4+2H_2O = 5MnO_2(s,棕色)+2H_2SO_4+K_2SO_4$$

在强碱溶液中，$MnO_4^-$ 与 $MnO_2$ 反应生成 $MnO_4^{2-}$(绿色)。而在中性或微碱性溶液中，$MnO_4^{2-}$ 歧化为 $MnO_4^-$ 和 $MnO_2$。在酸性溶液中，$MnO_2$ 也是强氧化剂，能与 $SO_3^{2-}$ 等还原剂反应。

$$3MnO_4^{2-}+2H_2O = 2MnO_4^-+MnO_2\downarrow+4OH^-$$
$$MnO_2+SO_3^{2-}+2H^+ = Mn^{2+}+SO_4^{2-}+H_2O$$

$MnO_4^-$ 具强氧化性，它的还原产物与溶液的酸碱性有关。在酸性、中性或碱性介质中，分别被还原为 $Mn^{2+}$、$MnO_2$ 和 $MnO_4^{2-}$。

**5. 铁、钴、镍的化合物**

$Fe^{2+}$、$Co^{2+}$ 和 $Ni^{2+}$ 与强碱(如 $NaOH$)反应，生成相应的氢氧化物。$Fe(OH)_2$

很不稳定，容易被空气中的 $O_2$ 氧化成棕色的 $Fe(OH)_3$。$Co(OH)_2$ 也能被空气中的 $O_2$ 慢慢氧化成 $Co(OH)_3$。$Ni(OH)_2$ 在空气中稳定，但在碱性介质中可以被溴水氧化 [$Fe(OH)_2$ 和 $Co(OH)_2$ 也可以被氧化]。它们的还原性强弱顺序为 $Fe(OH)_2 > Co(OH)_2 > Ni(OH)_2$。

$$4Fe(OH)_2 + O_2 + 2H_2O \Longrightarrow 4Fe(OH)_3 \downarrow$$
$$4Co(OH)_2 + O_2 \Longrightarrow 4CoO(OH)(褐色) + 2H_2O$$
$$2Ni^{2+} + 6OH^- + Br_2 \Longrightarrow 2Ni(OH)_3 \downarrow (黑色) + 2Br^-$$

反过来，$Fe^{3+}$、$Co^{3+}$ 和 $Ni^{3+}$ 都具有氧化性。$Co(OH)_3$、$Ni(OH)_3$ 氧化性强，与盐酸反应时分别生成 Co(Ⅱ) 和 Ni(Ⅱ)，并放出氯气。$Fe(OH)_3$ 与盐酸反应时只发生中和反应。它们氧化性顺序为 $Fe(OH)_3 < Co(OH)_3 < Ni(OH)_3$。$Fe^{3+}$ 是中强氧化剂，能与强还原剂（如 $I^-$、$S^{2-}$）反应生成 $Fe^{2+}$。

$$2M(OH)_3 + 6HCl(浓) \Longrightarrow 2MCl_2 + Cl_2 \uparrow + 6H_2O(M 为 Ni、Co)$$
$$2Fe^{3+} + H_2S \Longrightarrow 2Fe^{2+} + S + 2H^+$$

$Fe^{2+}$、$Co^{2+}$ 和 $Ni^{2+}$ 的硫化物 FeS、CoS 和 NiS 均为黑色难溶物，但皆溶于稀盐酸。在稀盐酸中通入 $H_2S$，一般得不到 $MS/M_2S_3$ 的沉淀。$Fe^{3+}$ 与 $S^{2-}$ 发生氧化还原反应生成 S 和 $Fe^{2+}$。

$$Fe^{2+} + H_2S + 2NH_3 \Longrightarrow FeS(s) + 2NH_4^+$$
$$Co^{2+} + H_2S + 2NH_3 \Longrightarrow CoS(s) + 2NH_4^+$$
$$Ni^{2+} + H_2S + 2NH_3 \Longrightarrow NiS(s) + 2NH_4^+$$
$$FeS + 2H^+ \Longrightarrow H_2S(g) + Fe^{2+}$$

铁、钴、镍都能形成多种配合物，常用于离子的鉴别。$Co^{2+}$ 和 $Ni^{2+}$ 与过量的氨水反应分别生成 $[Co(NH_3)_6]^{2+}$ 和 $[Ni(NH_3)_6]^{2+}$。$[Co(NH_3)_6]^{2+}$（黄褐色）不稳定，容易被空气中的 $O_2$ 氧化为 $[Co(NH_3)_6]^{3+}$（橙黄色）。$Fe^{2+}$ 与 $K_3[Fe(CN)_6]$（赤血盐）反应，或 $Fe^{3+}$ 与 $K_4[Fe(CN)_6]$（黄血盐）反应，都生成深蓝色滕氏蓝沉淀，分别用于鉴定 $Fe^{2+}$ 和 $Fe^{3+}$。酸性溶液中 $Fe^{3+}$ 与 $SCN^-$ 反应出现血红色，用于鉴定 $Fe^{3+}$。$Co^{2+}$ 也能与 $SCN^-$ 反应，生成的 $[Co(SCN)_4]^{2-}$ 不稳定（但在丙酮等有机溶剂中较稳定），用于鉴定 $Co^{2+}$。少量 $Fe^{3+}$ 的存在，干扰 $Co^{2+}$ 离子的检出，可采用加掩蔽剂 $NH_4F$（或 NaF）的方法，$F^-$ 离子可与 $Fe^{3+}$ 结合形成更稳定且无色的配离子 $[FeF_6]^{3-}$，将 $Fe^{3+}$ 离子掩蔽起来，从而消除 $Fe^{3+}$ 的干扰。$Ni^{2+}$ 与丁二酮肟在氨溶液中（pH = 8~10）反应生成鲜红色螯合物沉淀，此反应常用于鉴定 $Ni^{2+}$。

$$Fe^{3+} + K^+ + [Fe(CN)_6]^{4-} \Longrightarrow K[Fe(CN)_6Fe] \downarrow (深蓝色)$$
$$Fe^{2+} + K^+ + [Fe(CN)_6]^{3-} \Longrightarrow K[Fe(CN)_6Fe] \downarrow (深蓝色)$$
$$Fe^{3+} + nSCN^- \Longrightarrow [Fe(SCN)_n]^{(3-n)}(n = 1~6)(血红色)$$
$$Co^{2+} + 4SCN^- \Longrightarrow [Co(SCN)_4]^{2-}(蓝色)$$

$$2 \begin{matrix} CH_3-C=C-OH \\ CH_3-C=N-OH \end{matrix} + Ni^{2+} + 2NH_3 \longrightarrow$$

### 三、仪器、试剂与材料

**仪器**：坩埚，坩埚钳，泥三角，石棉网，三脚架，离心机。

**试剂**：

酸：$HCl$（2 mol·L$^{-1}$、6 mol·L$^{-1}$、浓），$HNO_3$（6 mol·L$^{-1}$），$H_2SO_4$（2 mol·L$^{-1}$、3 mol·L$^{-1}$、浓）；

碱：$NaOH$（40%、2 mol·L$^{-1}$、6 mol·L$^{-1}$），$NH_3·H_2O$（2 mol·L$^{-1}$、6 mol·L$^{-1}$）；

盐：$VO_2Cl$（0.5 mol·L$^{-1}$），$K_3[Fe(CN)_6]$（0.1 mol·L$^{-1}$），$CoCl_2$（0.5 mol·L$^{-1}$、0.1 mol·L$^{-1}$），$K_4[Fe(CN)_6]$（0.1 mol·L$^{-1}$），$MnSO_4$（0.5 mol·L$^{-1}$、0.1 mol·L$^{-1}$），$NiSO_4$（0.5 mol·L$^{-1}$、0.1 mol·L$^{-1}$），$Na_2SO_3$（0.1 mol·L$^{-1}$），$K_2Cr_2O_7$（0.1 mol·L$^{-1}$），$SnCl_2$（0.1 mol·L$^{-1}$），$FeCl_3$（0.1 mol·L$^{-1}$），$CrCl_3$（0.1 mol·L$^{-1}$），$K_2CrO_4$（0.1 mol·L$^{-1}$），$KMnO_4$（0.01 mol·L$^{-1}$、0.1 mol·L$^{-1}$），$FeSO_4$（0.1 mol·L$^{-1}$），$BaCl_2$（0.1 mol·L$^{-1}$），$NH_4Cl$（0.1 mol·L$^{-1}$），$KSCN$（饱和）；

固体：$TiO_2$，$NH_4VO_3$，锌粒，$FeSO_4·7H_2O$，$MnO_2$，$NaBiO_3$；

其他：$H_2O_2$（3%），硫代乙酰胺（5%），戊醇（或乙醚），丁二酮肟（1%乙醇溶液），丙酮。

**材料**：KI-淀粉试纸，pH试纸。

### 四、实验步骤

**1. 钛的化合物**

取4支试管，各加入少量 $TiO_2$ 固体，再分别加入 2 mL 2 mol·L$^{-1}$ $H_2SO_4$ 溶液、2 mol·L$^{-1}$ NaOH 溶液、浓 $H_2SO_4$、40% NaOH 溶液。振荡试管，观察 $TiO_2$ 是否溶解。再分别小心地加热每个试管至近沸（注意防止溶液溅出，特别是浓 $H_2SO_4$ 和 NaOH），观察 $TiO_2$ 的溶解。写出反应方程式。保留其中加有浓 $H_2SO_4$ 的试管，往其中滴加 2 mol·L$^{-1}$ $NH_3·H_2O$ 溶液至有大量沉淀为止，观察 $\alpha$-钛酸沉淀的颜色。离心分离，将沉淀分成3份，第一份加入过量的 6 mol·L$^{-1}$ NaOH 溶液；第二份加过量的 6 mol·L$^{-1}$ HCl 溶液，观察 $\alpha$-钛酸沉淀的溶解情况；在第三份 $\alpha$-钛酸沉淀中加少量水，加热煮沸 1~2 min，离心分离，然后将沉淀分成2份，分别加 6 mol·L$^{-1}$ NaOH 溶液和 6 mol·L$^{-1}$ HCl 溶液，观察沉淀是否溶解。通过以上实验，比较 $\alpha$-钛酸和 $\beta$-钛酸的生成条件和性质。

**2. 钒的化合物**

(1)$V_2O_5$ 的生成和氧化性：取 0.5 g $NH_4VO_3$ 固体放入坩埚中，小火加热并不断搅拌，待产物呈现橙红色时停止加热，冷却，观察产物 $V_2O_5$ 的颜色并记录。取得到的固体少许于一支试管中，加入 2 mL 浓 HCl，观察有何变化。加热微沸，用 KI-淀粉试纸检验生成的气体，加入少量蒸馏水于试管中，观察溶液颜色。写出有关的反应方程式。

(2)不同氧化态钒化合物的颜色：取一支大试管，加入 5 mL 0.5 mol·L$^{-1}$ $VO_2Cl$ 溶液(观察溶液颜色)，再加入 2 颗锌粒，观察溶液颜色逐渐经蓝色变成暗绿色，最终成为紫色。取另外一支试管，加入约 4 mL 所得紫色溶液，向该溶液中逐滴缓慢加入 0.1 mol·L$^{-1}$ KMnO$_4$ 溶液，观察溶液由紫色→暗绿色→蓝色→黄色。根据实验结果确定钒的不同氧化态($VO_2^+$、$VO^{2+}$、$V^{3+}$、$V^{2+}$)的颜色。写出有关反应方程式。

**3. 铬的化合物**

(1)碱性介质中 Cr(Ⅲ)的还原性：取少量 0.1 mol·L$^{-1}$ CrCl$_3$ 溶液，逐滴加入 2 mol·L$^{-1}$ NaOH 溶液，观察沉淀颜色，继续滴加 NaOH 至沉淀溶解，再加入适量 3% H$_2$O$_2$ 溶液，加热，观察溶液颜色的变化，写出有关的反应方程式。待试管冷却后，再补加几滴 H$_2$O$_2$ 和 0.5 mL 戊醇(或乙醚)，慢慢滴入 6 mol·L$^{-1}$ HNO$_3$ 溶液，振荡试管，观察现象。写出有关的反应方程式。

(2)$CrO_4^{2-}$ 与 $Cr_2O_7^{2-}$ 的相互转化：取几滴 0.1 mol·L$^{-1}$ K$_2$CrO$_4$ 溶液，逐滴加入 2 mol·L$^{-1}$ H$_2$SO$_4$ 溶液，观察溶液颜色的变化。再逐滴加入 2 mol·L$^{-1}$ NaOH 溶液，观察溶液颜色又有何变化。写出有关的反应方程式。在 2 支试管中各加入几滴 0.1 mol·L$^{-1}$ K$_2$CrO$_4$ 溶液和 0.1 mol·L$^{-1}$ K$_2$Cr$_2$O$_7$ 溶液，然后分别滴加 1 mol·L$^{-1}$ BaCl$_2$ 溶液，观察现象是否相同。最后再分别滴加 2 mol·L$^{-1}$ HCl 溶液，观察沉淀是否溶解。写出有关的反应方程式。

**4. 锰的化合物**

(1)$Mn^{2+}$ 的还原性：

①碱性介质中。取一支试管，加入少量 0.1 mol·L$^{-1}$ MnSO$_4$ 溶液，滴加 2 mol·L$^{-1}$ NaOH 溶液，观察沉淀颜色，振荡试管，观察沉淀的颜色变化。写出有关的反应方程式，并说明 Mn(OH)$_2$ 在空气中的稳定性。

② 酸性介质中。取一支试管，加入少量 0.1 mol·L$^{-1}$ MnSO$_4$ 溶液，少量 NaBiO$_3$ 固体，滴加 6 mol·L$^{-1}$ HNO$_3$ 溶液，观察溶液颜色的变化。写出有关的反应方程式。

(2)$MnO_4^-$ 的氧化性：取 3 支试管，各加入少量 KMnO$_4$ 溶液，然后分别逐滴加入 3 mol·L$^{-1}$ H$_2$SO$_4$ 溶液、去离子水和 6 mol·L$^{-1}$NaOH 溶液，再向每支试管中滴加 0.1 mol·L$^{-1}$Na$_2$SO$_3$ 溶液，观察紫红色溶液分别变为什么颜色。写出有关的反应方程式，并说明介质对反应产物的影响。（请问：实验时，滴加介质及还原剂的先后次序是否影响产物颜色的不同，为什么？）

（3）不同 Mn 化合物之间的相互转化：将 $0.01\ mol\cdot L^{-1}$ KMnO$_4$ 溶液与 $0.5\ mol\cdot L^{-1}$ MnSO$_4$ 溶液混合，观察现象。写出有关的反应方程式。

取 2 mL $0.01\ mol\cdot L^{-1}$ KMnO$_4$ 溶液，加入 1 mL 40% NaOH 溶液，再加少量 MnO$_2$ 固体，加热，沉降片刻，观察上层清液的颜色（即 K$_2$MnO$_4$ 溶液）。取该清液于另一支试管中，用 $2\ mol\cdot L^{-1}$ H$_2$SO$_4$ 溶液酸化，观察现象。写出有关的反应方程式。

**5. 铁、钴、镍的化合物**

（1）Fe$^{2+}$、Co$^{2+}$、Ni$^{2+}$ 氢氧化物的生成和性质：取一支试管加入 1 mL 去离子水，加入 2 滴 $2\ mol\cdot L^{-1}$ H$_2$SO$_4$ 溶液，煮沸除去氧，冷却后加入少量 FeSO$_4$·7H$_2$O 固体使其溶解。在另一支试管中加入 1 mL $2\ mol\cdot L^{-1}$ NaOH 溶液，煮沸除去氧。冷却后用长滴管吸取 NaOH 溶液，迅速插入 FeSO$_4$ 溶液底部并慢慢挤出，立即观察 Fe(OH)$_2$ 颜色。摇荡并在空气中放置，观察沉淀颜色的变化。写出有关的反应方程式。

取一支试管加入几滴 $0.5\ mol\cdot L^{-1}$ CoCl$_2$ 溶液，再逐滴加入 $2\ mol\cdot L^{-1}$ NaOH 溶液，观察 Co(OH)$_2$ 沉淀的颜色。离心分离，将试管中的沉淀在空气中放置，观察现象。写出有关的反应方程式。

用 $0.5\ mol\cdot L^{-1}$ NiSO$_4$ 溶液代替 CoCl$_2$ 溶液，重复以上实验，观察 Ni(OH)$_2$ 沉淀颜色是否变化。

通过以上实验，比较 Fe(OH)$_2$、Co(OH)$_2$、Ni(OH)$_2$ 还原性的强弱。

（2）Fe$^{3+}$、Co$^{3+}$、Ni$^{3+}$ 氢氧化物的生成和性质：取一支试管加入几滴 $0.1\ mol\cdot L^{-1}$ FeCl$_3$ 溶液，再逐滴加入 $2\ mol\cdot L^{-1}$ NaOH 溶液，观察 Fe(OH)$_3$ 沉淀的颜色和形态。将溶液静置，弃去上清液，往沉淀中加入几滴浓 HCl，观察沉淀的溶解。并用湿润的 KI-淀粉试纸检验是否有气体逸出。

取一支试管加入几滴 $0.5\ mol\cdot L^{-1}$ CoCl$_2$ 溶液，再加几滴溴水，然后加几滴 $2\ mol\cdot L^{-1}$ NaOH 溶液，振荡试管，观察沉淀的颜色。离心分离，弃去清液，在沉淀中滴加几滴浓 HCl，并用 KI-淀粉试纸检验逸出的气体。写出有关的反应方程式。

用 $0.5\ mol\cdot L^{-1}$ NiSO$_4$ 溶液代替 CoCl$_2$ 溶液，进行相同实验，并用 KI-淀粉试纸检验 Co(OH)$_3$ 与浓 HCl 反应是否有 Cl$_2$ 生成。

根据实验结果，比较 Fe$^{3+}$、Co$^{3+}$、Ni$^{3+}$ 氢氧化物氧化性的强弱。

（3）Fe$^{2+}$ 的还原性与 Fe$^{3+}$ 的氧化性：取一支试管加入 2 滴 $0.01\ mol\cdot L^{-1}$ KMnO$_4$ 溶液，用 $2\ mol\cdot L^{-1}$ H$_2$SO$_4$ 溶液酸化，再滴加 $0.1\ mol\cdot L^{-1}$ FeSO$_4$ 溶液，观察现象。写出有关的反应方程式。

取一支试管加入几滴 $0.1\ mol\cdot L^{-1}$ FeCl$_3$ 溶液，滴加 $0.1\ mol\cdot L^{-1}$ SnCl$_2$ 溶液，观察现象。写出有关的反应方程式。

取几滴 $0.1\ mol\cdot L^{-1}$ $FeCl_3$ 溶液，并加入几滴 $2\ mol\cdot L^{-1}$ HCl 溶液酸化，再加入 10 滴 5% 硫代乙酰胺溶液，微热，观察有无沉淀生成。写出有关的反应方程式并解释。

（4）铁、钴、镍的硫化物：在 3 支试管中分别加入几滴 $0.1\ mol\cdot L^{-1}$ $FeSO_4$ 溶液、$0.1\ mol\cdot L^{-1}$ $CoCl_2$ 溶液和 $0.1\ mol\cdot L^{-1}$ $NiSO_4$ 溶液，并加入几滴 $2\ mol\cdot L^{-1}$ HCl 溶液酸化，再加入 10 滴 5% 硫代乙酰胺溶液，微热，观察有无沉淀生成。再加入 $2\ mol\cdot L^{-1}$ $NH_3\cdot H_2O$ 溶液，观察沉淀的生成。离心分离，弃去上清液。在沉淀中滴加 $2\ mol\cdot L^{-1}$ HCl 溶液，观察沉淀是否溶解。写出有关的反应方程式并解释。

（5）铁、钴、镍的配位化合物：

①铁的配位化合物。取一支试管加入 2 滴 $0.1\ mol\cdot L^{-1}$ $K_4[Fe(CN)_6]$ 溶液，然后滴加 $0.1\ mol\cdot L^{-1}$ $FeCl_3$ 溶液，观察现象；另取一支试管加入 2 滴 $0.1\ mol\cdot L^{-1}$ $K_3[Fe(CN)_6]$ 溶液，再滴加 $0.1\ mol\cdot L^{-1}$ $FeSO_4$ 溶液，观察现象。写出有关的反应方程式。

②钴的配位化合物。取一支试管，加入几滴 $0.1\ mol\cdot L^{-1}$ $CoCl_2$ 溶液，几滴 $0.1\ mol\cdot L^{-1}$ $NH_4Cl$ 溶液，然后逐滴加入 $6\ mol\cdot L^{-1}$ $NH_3\cdot H_2O$ 溶液，观察 $[Co(NH_3)_6]Cl_2$。振荡后在空气中放置，观察溶液颜色的变化，写出反应方程式并解释。另取一支试管，加入 1 滴 $0.1\ mol\cdot L^{-1}$ $CoCl_2$ 溶液和 1 滴饱和 KSCN 溶液，观察，再加入 2 滴丙酮溶液，振荡，观察 $[Co(SCN)_4]Cl_2$ 在丙酮中的颜色。写出有关的反应方程式。

③镍的配位化合物。在试管中加入 1 滴 $0.1\ mol\cdot L^{-1}$ $NiSO_4$ 溶液和 1 滴 $2.0\ mol\cdot L^{-1}$ $NH_3\cdot H_2O$ 溶液，观察现象。再加 1 滴 1% 丁二酮肟溶液，观察现象。写出有关的反应方程式。

## 五、思考题

1. 在水溶液中能否有 $Ti^{4+}$、$Ti^{3+}$ 离子的存在？
2. 在 $K_2Cr_2O_7$ 溶液中分别加入 $AgNO_3$ 和 $Pb(NO_3)_2$ 溶液各生成什么产物？
3. 酸性溶液、中性溶液、强碱性溶液中 $KMnO_4$ 与 $Na_2SO_3$ 反应的主要产物是什么？
4. 在 $CoCl_2$ 溶液中逐滴加入 $NH_3\cdot H_2O$ 溶液会有何现象？
5. 将 $Mn(OH)_2$ 沉淀久置于空气中，此沉淀能否溶于稀 $HNO_3$？

实验 12-I
思考题参考答案

<h2 style="text-align:center">Ⅱ 铜、银、锌、镉、汞</h2>

## 一、实验目的

1. 了解 ds 区元素铜、银、锌、镉、汞氧化物或氢氧化物的性质。
2. 掌握 Cu（Ⅱ）与 Cu（Ⅰ），Hg（Ⅱ）与 Hg（Ⅰ）之间的相互转化反应及其条件。

3. 了解铜、银、锌、镉、汞硫化物的性质。

4. 掌握铜、银、锌、镉、汞配位化合物的生成和性质。

5. 掌握 $Ag^+$、$Cu^{2+}$、$Zn^{2+}$、$Cd^{2+}$、$Hg^{2+}$ 离子的鉴定方法。

## 二、实验原理

ds 区元素包括周期系 ⅠB 族的 Cu、Ag、Au 和 ⅡB 族的 Zn、Cd、Hg 6 种元素，价电子构型为 $(n-1)d^{10}ns^{1\sim2}$，易形成氧化数为+1 和+2 价的化合物。它们的许多性质与 d 区元素相似。ⅠB 和 ⅡB 族元素最大特点是其离子具有或接近 18e 的构型，其阳离子具有较强的极化力和变形性，成键的共价成分较大，多数化合物较难溶于水，热稳定性较差，易形成配位化合物，化合物常显不同的颜色。

**1. 氢氧化物**

这些元素的氢氧化物均较难溶于水，且易脱水变成氧化物。$Zn(OH)_2$ 是两性氢氧化物，$Cu(OH)_2$ 呈较弱的两性(偏碱)，能溶于较浓的 NaOH 溶液。$Cd(OH)_2$ 是碱性氢氧化物。$Zn(OH)_2$、$Cu(OH)_2$ 和 $Cd(OH)_2$ 在常温下较稳定，但受热失水生成氧化物。浅蓝色 $Cu(OH)_2$ 在 80℃ 失水成棕黑色 CuO，白色 $Zn(OH)_2$ 在 125℃ 开始失水成黄色(冷后为白色)的 ZnO，白色 $Cd(OH)_2$ 在 250℃ 变成棕红色的 CdO。银和汞的氢氧化物极不稳定。AgOH、$Hg(OH)_2$、$Hg_2(OH)_2$ 常温下即失水变成 $Ag_2O$(棕黑色)、HgO(黄色)和 $Hg_2O$(黑色)。$Hg_2O$ 也不稳定，易歧化为 HgO 和 Hg。

**2. 硫化物**

$Cu^{2+}$、$Ag^+$、$Zn^{2+}$、$Cd^{2+}$、$Hg^{2+}$ 与 $Na_2S$ 溶液或饱和 $H_2S$ 溶液反应都生成难溶的硫化物，即 CuS(黑色)、$Ag_2S$(黑色)、ZnS(白色)、CdS(黄色)和 HgS(黑色)。根据 ZnS、CdS、$Ag_2S$、CuS 和 HgS 溶度积大小，ZnS 溶于稀 HCl，CdS 不溶于稀 HCl，但溶于浓 HCl；$Ag_2S$ 和 CuS 溶于浓 $HNO_3$；HgS 溶于王水。利用黄色 CdS 的生成反应可以鉴定 $Cd^{2+}$。

**3. 配位化合物**

ds 区元素阳离子都有较强的接受配体的能力，易与 $H_2O$、$NH_3$、$X^-$、$CN^-$、$SCN^-$ 等形成配离子。$Cu^{2+}$、$Cu^+$、$Ag^+$、$Zn^{2+}$、$Cd^{2+}$ 与氨水反应生成氨合物，如 $[Ag(NH_3)_2]^+$(无色)、$[Zn(NH_3)_4]^{2+}$(无色)、$[Cd(NH_3)_4]^{2+}$(无色)等。$[Cu(NH_3)_2]^+$(无色)，易被空气中的 $O_2$ 氧化为 $[Cu(NH_3)_4]^+$(深蓝)。$Hg^{2+}$ 只有在过量的铵盐存在下才与 $NH_3$ 反应生成配离子，否则生成氨基化合物沉淀。$Hg_2^{2+}$ 在 $NH_3 \cdot H_2O$ 中发生歧化反应。

$$CuCl+2NH_3 \cdot H_2O === [Cu(NH_3)_2]Cl(无色络合物)+2H_2O$$

$$HgCl_2+2NH_3 === HgNH_2Cl \downarrow +NH_4Cl$$

$$2Hg_2(NO_3)_2+4NH_3+H_2O === HgO \cdot HgNH_2NO_3 \downarrow +2Hg \downarrow +3NH_4NO_3$$

### 4. 氧化性

某些 $Cu^{2+}$、$Ag^+$、$Hg^{2+}$ 的化合物具有一定的氧化性。$Cu^{2+}$ 与 $I^-$ 反应生成 $I_2$ 和白色的 $CuI$。$[Cu(OH)_4]^{2-}$ 和 $[Ag(NH_3)_2]^+$ 都能被醛类或某些糖类还原，分别生成 $Ag$ 和 $Cu_2O$。$HgCl_2$ 与 $SnCl_2$ 反应用于 $Hg^{2+}$ 或 $Sn^{2+}$ 的鉴定。

$$2[Cu(OH)_4]^{2-}+C_6H_{12}O_6 \xrightarrow{\triangle} Cu_2O(s，暗红色)+C_6H_{12}O_7(葡萄糖酸)+2H_2O+4OH^-$$

### 5. 与卤离子的反应

$Ag^+$ 与稀 $HCl$ 反应生成 $AgCl$ 沉淀，加入相应的试剂时，还可以实现 $[Ag(NH_3)_2]^+$、$AgBr(s)$、$[Ag(S_2O_3)_2]^{3-}$、$AgI(s)$、$[Ag(CN)_2]^-$、$Ag_2S(s)$ 的依次转化。$AgCl$、$AgBr$、$AgI$ 等也能通过加合反应分别生成 $[AgCl_2]^-$、$[AgBr_2]^-$、$[AgI_2]^-$ 等配离子。

### 6. 歧化及反歧化反应

铜元素的标准电极电势图为

$$Cu^{2+} \xrightarrow{\text{0.167 V}} Cu^+ \xrightarrow{\text{0.522 V}} Cu$$

由此可知，$Cu^+$ 在水溶液中不稳定，易歧化为 $Cu^{2+}$ 和 $Cu$。但当 $Cu^+$ 浓度显著减少时，也可使反应向反歧化方向进行。当 $Cu^+$ 以 $CuCl$ 和 $CuI$ 等难溶卤化物或者 $[CuCl_2]^-$ 和 $[CuI_2]^-$ 等配离子形式存在时，即可发生反歧化反应。$CuCl_2$ 溶液与铜屑及浓 $HCl$ 混合后加热可制得 $[CuCl_2]^-$，加水稀释时会析出 $CuCl$ 沉淀。

$$Cu^{2+}+Cu+4Cl^- =\!=\!= 2[CuCl_2]^-$$

$$[CuCl_2]^- =\!=\!= CuCl\downarrow+Cl^-$$

汞元素的标准电极电势图为

$$Hg^{2+} \xrightarrow{\text{0.920 V}} Hg_2^{2+} \xrightarrow{\text{0.789 V}} Hg$$

由此可知，$Hg_2^{2+}$ 在水溶液中较稳定，不易歧化为 $Hg^{2+}$ 和 $Hg$。但采取适当措施，如生成难溶的 $Hg(II)$ 化合物或者稳定的 $Hg(II)$ 配合物，都可以使反应向着歧化方向进行。$Hg_2^{2+}$ 与氨水、饱和 $H_2S$ 或 $KI$ 溶液反应生成的 $Hg(I)$ 化合物都能歧化为 $Hg(II)$ 的化合物和 $Hg$。例如，$Hg^{2+}$ 与 $I^-$ 反应先生成橘红色 $HgI_2$ 沉淀，加入过量的 $I^-$ 则生成无色的 $[HgI_4]^{2-}$ 配离子，都使平衡向着歧化方向进行。

### 7. 离子的鉴定

(1) $Cu^{2+}$：$Cu^{2+}$ 与黄血盐 $K_4[Fe(CN)_6]$ 在中性或弱酸性溶液中反应，生成红棕色 $Cu_2[Fe(CN)_6]$ 沉淀。

$$Cu^{2+}+[Fe(CN)_6]^{4-} =\!=\!= Cu_2[Fe(CN)_6]\downarrow$$

(2) $Ag^+$：$Ag^+$ 与稀 $HCl$ 反应生成 $AgCl$ 沉淀，$AgCl$ 溶于 $NH_3\cdot H_2O$ 溶液生成 $[Ag(NH_3)_2]^+$，再加入稀 $HNO_3$ 又生成 $AgCl$ 沉淀，或加入 $KI$ 溶液生成 $AgI$ 沉淀。

(3) $Zn^{2+}$：$Zn^{2+}$ 与 $(NH_4)_2[Hg(SCN)_4]$ 生成白色的 $Zn[Hg(SCN)_4]$ 沉淀。在碱性条件下，$Zn^{2+}$ 与二苯硫腙反应生成粉红色的螯合物。

(4) $Cd^{2+}$：$Cd^{2+}$ 与 $S^{2-}$ 生成黄色沉淀。若要消除其他金属离子的干扰，可在 KCN 存在时鉴定。

(5) $Hg^{2+}$ 和 $Hg_2^{2+}$：$Hg^{2+}$ 可被 $SnCl_2$ 分步还原，还原产物由白色 $Hg_2Cl_2$ 变为灰色或黑色 Hg 沉淀。

$$2HgCl_2+SnCl_2 =\!=\!= SnCl_4+Hg_2Cl_2 \downarrow$$
$$Hg_2Cl_2+SnCl_2 =\!=\!= SnCl_4+2Hg \downarrow$$

## 三、仪器、试剂与材料

**仪器：**点滴板，水浴锅。

**试剂：**

酸：$HNO_3$（2 mol·$L^{-1}$、浓），HCl（2 mol·$L^{-1}$、6 mol·$L^{-1}$、浓），HAc（2 mol·$L^{-1}$），$H_2SO_4$（2 mol·$L^{-1}$），$H_2S$（饱和），王水；

碱：NaOH（2 mol·$L^{-1}$、6 mol·$L^{-1}$），$NH_3·H_2O$（2 mol·$L^{-1}$、6 mol·$L^{-1}$）；

盐：$ZnSO_4$（0.1 mol·$L^{-1}$），$CdSO_4$（0.1 mol·$L^{-1}$），KI（0.1 mol·$L^{-1}$、2 mol·$L^{-1}$），$AgNO_3$（0.1 mol·$L^{-1}$），$CuCl_2$（1 mol·$L^{-1}$），KBr（0.1 mol·$L^{-1}$），$Hg_2(NO_3)_2$（0.1 mol·$L^{-1}$），$Hg(NO_3)_2$（0.1 mol·$L^{-1}$），$Na_2S_2O_3$（0.1 mol·$L^{-1}$），$K_4[Fe(CN)_6]$（0.1 mol·$L^{-1}$），$Zn(NO_3)_2$（0.1 mol·$L^{-1}$），$SnCl_2$（0.1 mol·$L^{-1}$），$HgCl_2$（0.1 mol·$L^{-1}$），$CuSO_4$（0.1 mol·$L^{-1}$），$NH_4Cl$（1 mol·$L^{-1}$），$Cd(NO_3)_2$（0.1 mol·$L^{-1}$），$Na_2S$（0.1 mol·$L^{-1}$）；

其他：铜屑，葡萄糖(10%)，二苯硫腙的 $CCl_4$ 溶液。

**材料：**$Pb(Ac)_2$ 试纸。

## 四、实验步骤

**1. 铜、银、锌、镉、汞氧化物和氢氧化物的生成和性质**

在 5 支试管中分别加几滴 0.1 mol·$L^{-1}$ $CuSO_4$ 溶液、$AgNO_3$ 溶液、$ZnSO_4$ 溶液、$CdSO_4$ 溶液及 $Hg(NO_3)_2$ 溶液，然后滴加 2 mol·$L^{-1}$ NaOH 溶液，观察现象。将每个试管中的沉淀分为两份，分别检验其酸碱性。写出有关的反应方程式。

**2. 铜、银、锌、镉、汞硫化物的生成和性质**

在 6 支试管中分别加入 1 滴 0.1 mol·$L^{-1}$ $CuSO_4$ 溶液、$AgNO_3$ 溶液、$Zn(NO_3)_2$ 溶液、$Cd(NO_3)_2$ 溶液、$Hg(NO_3)_2$ 溶液和 $Hg_2(NO_3)_2$ 溶液，再各滴加饱和 $H_2S$ 溶液，观察现象。离心分离，实验 CuS 和 $Ag_2S$ 在浓 $HNO_3$ 中、ZnS 在稀 HCl 中、CdS 在 6 mol·$L^{-1}$ HCl 溶液中、HgS 在王水中的溶解性。写出有关的反应方程式。

**3. 铜、银、锌、镉、汞氨合物的生成**

在 6 支试管中分别加几滴 0.1 mol·$L^{-1}$ $CuSO_4$ 溶液、$AgNO_3$ 溶液、$Zn(NO_3)_2$ 溶液、$Cd(NO_3)_2$ 溶液、$Hg(NO_3)_2$ 溶液和 $Hg_2(NO_3)_2$ 溶液，然后逐滴加入

$6 \ mol \cdot L^{-1} \ NH_3 \cdot H_2O$ 溶液至过量(如果沉淀不溶解,再加 $1 \ mol \cdot L^{-1} \ NH_4Cl$ 溶液),观察现象。写出有关的反应方程式。

**4. $Ag^+$、$Cu^{2+}$氧化性**

(1)银镜反应:在一支干净的试管中加入 $1 \ mL \ 0.1 \ mol \cdot L^{-1} \ AgNO_3$ 溶液,滴加 $2 \ mol \cdot L^{-1} \ NH_3 \cdot H_2O$ 溶液至生成的沉淀刚好溶解,加 $2 \ mL \ 10\%$ 葡萄糖溶液,放在水浴中加热片刻,观察现象。然后倒掉溶液,加 $2 \ mol \cdot L^{-1} \ HNO_3$ 溶液使银溶解后回收。写出有关的反应方程式。

(2)与 $I^-$ 的反应:取几滴 $0.1 \ mol \cdot L^{-1} \ CuSO_4$ 溶液,滴加 $0.1 \ mol \cdot L^{-1} KI$ 溶液,观察现象。离心分离,在清液中加 1 滴淀粉溶液,观察现象。将沉淀洗涤 2 次后,滴加 $2 \ mol \cdot L^{-1} \ KI$ 溶液,观察现象,再将溶液加水稀释,观察有何变化。写出有关的反应方程式。

**5. $Ag(Ⅰ)$系列实验**

取几滴 $0.1 \ mol \cdot L^{-1} \ AgNO_3$ 溶液,选用适当的试剂从 $Ag^+$开始选用适当的试剂实验,依次经 $AgCl$ 固体、$[Ag(NH_3)_2]^+$、$AgBr$ 固体、$[Ag(S_2O_3)_2]^{3-}$、$AgI$ 固体、$[AgI_2]^-$最后到 $Ag_2S$ 的转化,观察现象。写出有关的反应方程式。

**6. $Cu(Ⅰ)$化合物的生成和性质**

(1)取 $1 \ mL \ 1 \ mol \cdot L^{-1} \ CuCl_2$ 溶液,加 $1 \ mL$ 浓 $HCl$ 和少量铜屑,加热至溶液呈土黄色,静置,将清液倒入另一支盛有去离子水的试管中,观察 $CuCl$ 沉淀的生成,记录其颜色。将铜屑水洗后回收。离心分离所得沉淀,将沉淀洗涤后分为两份,一份加入浓 $HCl$,另一份加入 $2 \ mol \cdot L^{-1} \ NH_3 \cdot H_2O$ 溶液,观察现象。写出有关的反应方程式。

(2)取几滴 $0.1 \ mol \cdot L^{-1} \ CuSO_4$ 溶液,滴加 $6 \ mol \cdot L^{-1} \ NaOH$ 溶液至过量,再加入 $10\%$ 葡萄糖溶液,摇匀,加热至沸,观察现象。离心分离,弃去清液,将沉淀洗涤后分为两份,一份加入 $2 \ mol \cdot L^{-1} \ H_2SO_4$ 溶液,另一份加入 $6 \ mol \cdot L^{-1} \ NH_3 \cdot H_2O$ 溶液,静置片刻,观察现象。写出有关的反应方程式。

**7. 离子的鉴定**

(1)$Cu^{2+}$的鉴定:在点滴板上加 1 滴 $0.1 \ mol \cdot L^{-1} \ CuSO_4$ 溶液,再加 1 滴 $2 \ mol \cdot L^{-1} \ HAc$ 溶液和 1 滴 $0.1 \ mol \cdot L^{-1} \ K_4[Fe(CN)_6]$溶液,观察现象。写出有关的反应方程式。

(2)$Ag^+$的鉴定:取一支试管,加几滴 $0.1 \ mol \cdot L^{-1} AgNO_3$ 溶液,滴加 $2 \ mol \cdot L^{-1}$ $HCl$ 溶液至 $AgCl$ 沉淀完全,离心分离,弃去上清液,用蒸馏水洗涤沉淀 1 次。然后往沉淀中加入过量 $6 \ mol \cdot L^{-1} \ NH_3 \cdot H_2O$ 溶液,待沉淀溶解后,再加 2 滴 $0.1 \ mol \cdot L^{-1} \ KI$ 溶液,观察黄色 $AgI$ 沉淀的生成。

(3)$Zn^{2+}$的鉴定:取一支试管加入 2 滴 $0.1 \ mol \cdot L^{-1} \ Zn(NO_3)_2$ 溶液,几滴 $6 \ mol \cdot L^{-1} \ NaOH$ 溶液,再加 $0.5 \ mL$ 二苯硫腙的 $CCl_4$ 溶液,摇荡试管,观察水溶液层和 $CCl_4$ 层颜色的变化。写出有关的反应方程式。

（4）$Cd^{2+}$ 的鉴定：取一支试管，加入 5 滴 $0.1\ mol \cdot L^{-1} Cd(NO_3)_2$ 溶液，再加入几滴 $0.1\ mol \cdot L^{-1} Na_2S$ 溶液，观察黄色 $CdS$ 沉淀的生成。

（5）$Hg^{2+}$ 的鉴定：取一支试管，加入 2 滴 $0.1\ mol \cdot L^{-1} HgCl_2$ 溶液，再加入 2 滴 $0.1\ mol \cdot L^{-1} SnCl_2$ 溶液，振荡，观察白色 $Hg_2Cl_2$ 逐渐变为灰色或黑色 $Hg$ 沉淀的过程。写出有关的反应方程式。

## 五、思考题

1. 选用什么试剂可溶解下列沉淀：$Cu(OH)_2$、$CuS$、$CuBr$、$AgI$。

2. 用 $K_4[Fe(CN)_6]$ 鉴定 $Cu^{2+}$ 的反应在中性或酸性溶液中进行，若加入 $NH_3 \cdot H_2O$ 或 $NaOH$ 溶液会发生什么反应？

3. $AgCl$、$PbCl_2$、$Hg_2Cl_2$ 都不溶于水，如何将它们分离开？

4. $Hg$ 和 $Hg^{2+}$ 有剧毒，实验时应注意些什么？

实验 12-Ⅱ
思考题参考答案

# 第五章　综合性实验

## 实验 13　硫酸亚铁铵的制备

### 一、实验目的

1. 了解复盐硫酸亚铁铵的制备方法。
2. 掌握或巩固水浴加热、蒸发浓缩、结晶、减压过滤等基本实验操作方法。
3. 学会用目视比色法检验产品的质量等级。

### 二、实验原理

硫酸亚铁铵，分子式$(NH_4)_2Fe(SO_4)_2 \cdot 6H_2O$，俗称摩尔盐（又称莫尔盐），为浅绿色单斜晶体，易溶于水，难溶于乙醇。亚铁盐在空气中易被氧化，而形成复盐后就比较稳定，故硫酸亚铁铵在定量分析中常用于配制亚铁离子的标准溶液。还有，$(NH_4)_2Fe(SO_4)_2 \cdot 6H_2O$ 和其他复盐一样，其在水中的溶解度比组成的每一种组分$[FeSO_4$ 或$(NH_4)_2SO_4]$的溶解度要小。

常用的制备硫酸亚铁铵方法是先将铁与稀硫酸作用制得硫酸亚铁，再将制得的硫酸亚铁与等物质的量的硫酸铵在水介质中相互作用生成硫酸亚铁铵。由于复盐的溶解度比单盐要小，因此溶液经蒸发浓缩和冷却后，得到$(NH_4)_2Fe(SO_4)_2 \cdot 6H_2O$ 晶体。

$$Fe+H_2SO_4 =\!=\!= FeSO_4+H_2 \uparrow$$
$$FeSO_4+(NH_4)_2SO_4+6H_2O =\!=\!= (NH_4)_2Fe(SO_4)_2 \cdot 6H_2O$$

由于产品中的主要杂质是三价铁类化合物，所以产品质量的等级常以三价铁离子含量多少来衡量，本实验采用目视比色法进行产品质量的等级评定。即称取适量样品配制成溶液，在一定条件下，与含三价铁离子的系列标准溶液进行比色或比浊，从而确定杂质含量范围。如果样品溶液的颜色或浊度不深于某一标准溶液，则认为杂质含量低于某一规定限度，这种分析方法通常称为限量分析。

### 三、仪器、试剂与材料

**仪器：**台称，水浴锅（可用电炉或电热套及 250 mL 烧杯代替），真空泵，布氏漏斗，抽滤瓶，漏斗架(或带合适铁圈的铁架台)，漏斗，酒精灯，三脚架及石棉网，蒸发皿，表面皿，温度计(0~100℃)，烧杯(100 mL)，量筒(10 mL、25 mL)，比色管(25 mL，4 支)，比色管架，移液管(20 mL)，玻璃棒。

**试剂：** 纯铁粉或铁屑，$H_2SO_4$(3 mol·$L^{-1}$)，乙醇(95%)、KSCN(1 mol·$L^{-1}$)、$(NH_4)_2SO_4(s)$、$Fe^{3+}$ 标准溶液(10 μg·$mL^{-1}$)。

**材料：** 滤纸，pH 试纸。

注：如铁屑需要净化，还需要 1 个 150 mL 锥形瓶和 10% $Na_2CO_3$ 溶液。

## 四、实验步骤

### 1. 铁屑的净化(除去油污)

称取 5.0 g 铁屑，放入 150 mL 锥形瓶中，加入 20 mL 10% $Na_2CO_3$ 溶液，加热煮沸 5~10 min，除去油污。倾去碱液后，用蒸馏水洗涤铁屑至中性，用滤纸进行干燥(如果用纯净的铁粉或铁屑，可省去这一步)。

### 2. 硫酸亚铁溶液的制备

称取 3.0 g 纯净的铁屑或铁粉置于 100 mL 烧杯中，加入 15 mL 3 mol·$L^{-1}$ $H_2SO_4$ 溶液，盖上表面皿，水浴加热(温度不要超过 80℃)直至反应基本完全(体系产生很少气泡可认为反应基本终止，另外，此过程最好在通风橱进行)。反应过程中应不时补加少量蒸馏水，以保持原溶液体积，防止 $FeSO_4$ 结晶出来。反应完毕后，趁热进行常压过滤(滤液可直接用洁净的蒸发皿盛接)，并用少量热蒸馏水冲洗烧杯及烧渣(如水洗 2 次，每次 2.0 mL)。滤液中可加入少量硫酸溶液，并将烧杯和滤纸上残渣合并，用滤纸进行吸水干燥，称量残渣质量，记录数据(表 5-1)并计算。

表 5-1 硫酸亚铁的制备

| 称取铁屑质量/g | 残余铁屑质量/g | 反应的铁屑质量/g | 硫酸亚铁理论产量 |
|---|---|---|---|
| | | | |

### 3. 硫酸铵饱和溶液的配制

根据硫酸亚铁铵的理论产量计算所需硫酸铵的质量，称取对应质量(也可稍过量)将其配成饱和溶液，蒸馏水用量参考表 5-2(不同温度下，硫酸铵在 100 g 水中的溶解度数据)计算。记录实际称样量和去离子水用量。

表 5-2 硫酸铵的溶解度

| 温度/℃ | 0 | 10 | 20 | 30 | 40 |
|---|---|---|---|---|---|
| 溶解度/g | 70.6 | 73.0 | 75.4 | 78.0 | 81.0 |

### 4. 硫酸亚铁铵的制备

在实验步骤 2 最后所得的 $FeSO_4$ 溶液中加入实验步骤 3 所配好的硫酸铵饱和溶液，调节溶液 pH 值为 1~2。将蒸发皿置于装有 200 mL 水的 250 mL 烧杯上，加热，水浴蒸发浓缩至溶液表面刚出现薄层的结晶为止(不可蒸干)，停止加热，将蒸发皿静置冷却或冷水冷却(250 mL 烧杯中更换成冷水至近满，放上待冷却的蒸发皿)后即有硫酸亚铁铵晶体析出。产品溶液冷至室温后用布氏漏斗进行减压过滤，用少量95%乙醇(如醇洗 2 次，每次 2 mL)洗涤晶体。将晶体取出，置于两张洁净的滤纸之间，轻压以干燥产品，称量，计算产率。

### 5. 产品检验

(1)取 3 支干净的 25 mL 比色管并进行编号，分别加入 3 mol·L$^{-1}$H$_2$SO$_4$ 溶液和 1 mol·L$^{-1}$KSCN 溶液各 1 mL，再用移液管分别移取 Fe$^{3+}$ 标准溶液 5.00 mL、10.00 mL、20.00 mL 于比色管中，用不含氧的去离子水(新煮沸过放冷的蒸馏水)定容至刻度并摇匀。3 支比色管中不同三价铁离子含量对应硫酸亚铁铵试剂的不同规格，即得到含 Fe$^{3+}$量分别为 0.05 mg(一级)、0.10 mg(二级)和 0.20 mg (三级)3 个等级的试剂标准液。

(2)称取产品 1.0 g，加入干净的 25 mL 比色管中，量取不含氧的去离子水 15 mL 溶解产品，再加入 3 mol·L$^{-1}$H$_2$SO$_4$ 溶液和 1 mol·L$^{-1}$KSCN 溶液各 1 mL，继续用不含氧的去离子水定容至刻度并摇匀。将产品溶液与标准溶液进行目视比色，确定产品的等级。

## 五、注意事项

(1)实验步骤 2 中，制备 FeSO$_4$ 时，水浴加热时温度最好不要超过 80 ℃，以免反应过猛。

(2)实验步骤 2 中，制备 FeSO$_4$ 时，保持溶液 pH ≤1，以使铁屑与硫酸溶液的反应能不断进行。

(3)实验步骤 4 中，制备硫酸亚铁铵晶体时，溶液必须呈酸性，蒸发浓缩时不需要搅拌，不可浓缩至干。

(4)检验产品中 Fe$^{3+}$含量时，为防止 Fe$^{2+}$被溶解在水中的氧气氧化，可将蒸馏水加热至沸腾，冷却后使用，以赶出水中溶入的氧气。

## 六、思考题

1. 水浴加热制备硫酸亚铁时应注意什么问题？

2. 如何确定所需硫酸铵的用量？如何配制所需的硫酸铵饱和溶液？

3. 为什么在制备硫酸亚铁时要使铁过量？

4. 在蒸发浓缩、结晶过程中，若发现溶液变黄色，原因是什么？如何处理？

实验 13
思考题参考答案

# 实验 14　三草酸合铁(Ⅲ)酸钾的制备及组成测定

## 一、实验目的

1. 初步了解配合物制备的一般方法。
2. 掌握制备三草酸合铁(Ⅲ)酸钾的原理和方法。
3. 了解配位平衡的影响因素。

## 二、实验原理

三草酸合铁(Ⅲ)酸钾，分子式 $K_3[Fe(C_2O_4)_3] \cdot 3H_2O$，是翠绿色单斜晶体，溶于水[溶解度：4.7 g/100 g(0℃)，117.7 g/100 g(100℃)]，难溶于乙醇。该配合物对光敏感，遇光照射发生分解：

$$2K_3[Fe(C_2O_4)_3] \xrightarrow{\text{光}} 2FeC_2O_4(\text{黄色}) + 3K_2C_2O_4 + 2CO_2$$

Fe(Ⅱ)遇六氰合铁(Ⅲ)酸钾生成滕氏蓝：

$$3FeC_2O_4 + 2K_3[Fe(CN)_6] === Fe_3[Fe(CN)_6]_2 + 3K_2C_2O_4$$

三草酸合铁(Ⅲ)酸钾是制备负载型活性铁催化剂的主要原料，也是一些有机反应的良好催化剂，其合成工艺路线有多种。例如，可用三氯化铁或硫酸铁与草酸钾直接合成三草酸合铁(Ⅲ)酸钾，也可以铁为原料制得三草酸合铁(Ⅲ)酸钾。本实验以硫酸亚铁或实验 13 制得的硫酸亚铁铵为原料制得本产品。

首先 $FeSO_4 \cdot 7H_2O$ 与 $H_2C_2O_4$ 反应制成 $FeC_2O_4$：

$$FeSO_4 \cdot 7H_2O + H_2C_2O_4 === FeC_2O_4 \cdot 2H_2O(s，\text{黄色}) + H_2SO_4 + 5H_2O$$

然后在有 $K_2C_2O_4$ 存在下，用 $H_2O_2$ 将 $FeC_2O_4$ 氧化为 $K_3[Fe(C_2O_4)_3]$：

$$6FeC_2O_4 \cdot 2H_2O + 3H_2O_2 + 6K_2C_2O_4 === 4K_3[Fe(C_2O_4)_3] \cdot 3H_2O + 2Fe(OH)_3(s)$$

再加入适量草酸，使 $Fe(OH)_3$ 转化为三草酸合铁(Ⅲ)酸钾：

$$2Fe(OH)_3 + 3H_2C_2O_4 + 3K_2C_2O_4 === 2K_3[Fe(C_2O_4)_3] \cdot 3H_2O$$

加入乙醇，放置即可析出 $K_3[Fe(C_2O_4)_3] \cdot 3H_2O$ 翠绿色单斜晶体，总反应为

$$2FeC_2O_4 \cdot 2H_2O + H_2O_2 + 3K_2C_2O_4 + H_2C_2O_4 === 2K_3[Fe(C_2O_4)_3] \cdot 3H_2O$$

$Fe^{3+}$ 与 KSCN 反应生成血红色 $Fe(NCS)_n^{3-n}$，$C_2O_4^{2-}$ 与 $Ca^{2+}$ 生成白色沉淀 $CaC_2O_4$，可以判断 $Fe^{3+}$、$C_2O_4^{2-}$ 处于配合物的内界还是外界。

将酸、碱、沉淀剂或比 $C_2O_4^{2-}$ 配位能力强的配合剂加入 $K_3[Fe(C_2O_4)_3]$ 溶液中，将会改变 $Fe^{3+}$ 或 $C_2O_4^{2-}$ 的浓度，使配位平衡移动、遭到破坏或转化成另一种配合物。

### 三、仪器、试剂与材料

**仪器：**台称，恒温水浴锅，三角架，石棉网，酒精灯（电加热板或电加热套），烧杯（100 mL、250 mL），量筒（10 mL），玻璃棒，长颈漏斗，胶头滴管，试管，点滴板。

**试剂：**$FeSO_4 \cdot 7H_2O(s)$，$K_2C_2O_4 \cdot H_2O(s)$，$H_2C_2O_4 \cdot 2H_2O(s)$，$H_2SO_4(3 \text{ mol} \cdot L^{-1})$，$H_2C_2O_4(0.5 \text{ mol} \cdot L^{-1})$，$H_2O_2(6\%)$，$K_2C_2O_4(1 \text{ mol} \cdot L^{-1})$，$K_3[Fe(CN)_6]$ $(0.5 \text{ mol} \cdot L^{-1})$，$KSCN(1 \text{ mol} \cdot L^{-1})$，$CaCl_2(0.5 \text{ mol} \cdot L^{-1})$，$FeCl_3(0.2 \text{ mol} \cdot L^{-1})$，$HAc(6 \text{ mol} \cdot L^{-1})$，$NH_3 \cdot H_2O(2 \text{ mol} \cdot L^{-1})$，$NaF(1 \text{ mol} \cdot L^{-1})$，$NaOH(2 \text{ mol} \cdot L^{-1})$，乙醇（95%），酒石酸氢钠（饱和）。

**材料：**称量纸，滤纸，火柴，棉线。

### 四、实验步骤

#### 1. 三草酸合铁（Ⅲ）酸钾的制备

（1）制备 $FeC_2O_4 \cdot 2H_2O$：称取 3.6 g $FeSO_4 \cdot 7H_2O$ 放入 250 mL 烧杯中，加入 1.0 mL 3 mol·$L^{-1}$ $H_2SO_4$ 溶液和 20 mL 去离子水，使其溶解。另称取 1.7 g $H_2C_2O_4 \cdot 2H_2O$ 放入 100 mL 烧杯中，加 30 mL 去离子水，溶解后缓慢倒入上述 250 mL 烧杯中，加热搅拌至沸，并维持微沸 4 min 后停止加热，静置，得到黄色 $FeC_2O_4 \cdot 2H_2O$ 沉淀。取少量清液，加入干净试管中，煮沸，如果有沉淀生成，则需继续加热，如果没有沉淀生成，证明反应基本完全。将溶液静置，用倾析法倒掉清液，用少量热去离子水洗涤沉淀 3 次，以除去可溶性杂质。

（2）制备 $K_3[Fe(C_2O_4)_3] \cdot 3H_2O$：称取 3.5 g $K_2C_2O_4 \cdot H_2O$，加入 10 mL 蒸馏水，微热使其溶解，将此溶液加入上述洗涤过的 $FeC_2O_4 \cdot 2H_2O$ 沉淀中，水浴加热至 40℃，用滴管慢慢滴加 8 mL 6% $H_2O_2$ 溶液，不断搅拌溶液并维持温度在 40℃左右，沉淀转化为黄褐色。滴加完后，加 1 滴悬浊液于点滴板孔穴中，再加入 1 滴 $K_3[Fe(CN)_6]$ 溶液，如果出现蓝色，说明 Fe(Ⅱ)没有完全转化成 Fe(Ⅲ)，需再加入 6% $H_2O_2$ 溶液，直至检验不到 Fe(Ⅱ)。

加热溶液至沸（要不断搅拌），以除去过量的 $H_2O_2$。趁热加入 6 mL 0.5 mol·$L^{-1}$ $H_2C_2O_4$ 溶液，在保持微沸的条件下，继续滴加 0.5 mol·$L^{-1}$ $H_2C_2O_4$ 溶液，使沉淀溶解至完全透明的绿色为止。记录所用草酸溶液的用量。

如果加入非常多的草酸溶液，也不能使溶液变为透明，是因为 $FeC_2O_4 \cdot 2H_2O$ 没有氧化完全，这时应采取趁热过滤或向沉淀中加入 $H_2O_2$ 补救。

（3）$K_3[Fe(C_2O_4)_3] \cdot 3H_2O$ 结晶的析出：冷却后，向透明绿色溶液中加入 10 mL 95%乙醇，将一小段棉线一端悬挂在溶液中，烧杯口盖上滤纸，用橡皮筋固定滤纸和棉线的另一端，在暗处放置数小时后，就会有结晶在棉线上逐渐析出。用倾析法分离出晶体，在滤纸上吸干，称量，计算产率，并将晶体放在回收瓶中。

**2. 光敏实验**

(1)在表面皿或点滴板上放少许 $K_3[Fe(C_2O_4)_3] \cdot 3H_2O$ 产品，置于日光下一段时间后，观察晶体颜色的变化，与放暗处的晶体比较，写出光化学反应方程式。

(2)制感光纸：取 0.5 mL 上述产品的饱和溶液与 $0.5$ mol·$L^{-1}$ $K_3[Fe(CN)_6]$ 溶液混合，搅拌均匀，将溶液涂在纸上即成感光纸，放暗处晾干，附上图案，在日光下照射数秒，曝光部分变深蓝色，被遮盖部分即显示出图案来。

**3. 产物的定性分析**

将 1 g $K_3[Fe(C_2O_4)_3] \cdot 3H_2O$ 产品放入 100 mL 烧杯中，用 20 mL 蒸馏水溶解，备用。

(1)$K^+$ 的鉴定：在 2 支试管中分别加入少量产品溶液和 1 mol·$L^{-1}$ $K_2C_2O_4$ 溶液，各加入饱和酒石酸氢钠溶液，摇匀，观察现象。若现象不明显，用玻璃棒摩擦试管内壁，静置，观察现象。

(2)$Fe^{3+}$ 的鉴定：在 2 支试管中分别加入少量产品溶液和 0.2 mol·$L^{-1}$ $FeCl_3$ 溶液，各加入 1 滴 1 mol·$L^{-1}$ KSCN 溶液，观察现象。

(3)$C_2O_4^{2-}$ 的鉴定：在 2 支试管中分别加入少量产品溶液和 1 mol·$L^{-1}$ $K_2C_2O_4$ 溶液，各加入 2 滴 0.5 mol·$L^{-1}$ $CaCl_2$ 溶液，观察实验现象有何不同。

**4. 酸度对配位平衡的影响**

(1)在 2 支试管中各加入 1 滴 1 mol·$L^{-1}$ KSCN 溶液，分别滴加 6 mol·$L^{-1}$ HAc 溶液和 3 mol·$L^{-1}$ $H_2SO_4$ 溶液，观察现象。

(2)在试管中加入少量产物溶液，再滴加 2 mol·$L^{-1}$ $NH_3 \cdot H_2O$ 溶液，观察现象。

**5. 配位平衡的移动及配合物稳定性比较**

(1)取一支试管加入少量 0.2 mol·$L^{-1}$ $FeCl_3$ 溶液，再加入 1 滴 1 mol·$L^{-1}$ KSCN 溶液，溶液颜色变为血红色，然后逐滴加入 1 mol·$L^{-1}$ NaF 溶液，至血红色褪去时停止滴加。继续滴加 1 mol·$L^{-1}$ KSCN 溶液，观察血红色是否重现，并解释实验现象。

(2)取一支试管加入少量 0.2 mol·$L^{-1}$ $FeCl_3$ 溶液，加入 1 滴 1 mol·$L^{-1}$ KSCN 溶液，溶液颜色变为血红色，然后逐滴加入 1 mol·$L^{-1}$ NaF 溶液，至血红色褪去时停止滴加，再加入 1 mol·$L^{-1}$ $K_2C_2O_4$ 溶液，至溶液刚好转化为黄绿色，观察并解释实验现象。

(3)在 2 支试管中分别加入少量产品溶液和 0.5 mol·$L^{-1}$ $K_3[Fe(CN)_6]$溶液，各加入 2 mol·$L^{-1}$ NaOH 溶液，观察并解释现象。

## 五、思考题

1. 如果制得的三草酸合铁(Ⅲ)酸钾中含有较多的杂质离子，对三草酸合铁

（Ⅲ）酸钾离子类型的测定有何影响？

2. 氧化 $FeC_2O_4 \cdot 2H_2O$ 时，氧化温度控制在 40℃，不能太高。为什么？

3. 根据实验结果判断配位体 $SCN^-$、$F^-$、$C_2O_4^{2-}$、$CN^-$ 与 $Fe^{3+}$ 配位能力的强弱？

4. 由实验可知，制得的三草酸合铁（Ⅲ）酸钾配合物，哪种离子在内界？哪种离子在外界？

实验 14
思考题参考答案

# 实验 15　Cu(Ⅰ)配合物的合成与光致发光性能

## 一、实验目的

1. 掌握无机配合物的合成与光学性质表征的相关实验操作。
2. 了解不同结构亚铜配合物的制备方法与光学性质。
3. 了解配合物结构和发光性能的关系。

## 二、实验原理

Cu(Ⅰ)配合物具有成本低、结构丰富、发光性能好等优势，在照明和显示器等领域表现出广泛的应用前景。Cu(Ⅰ)配合物的发光性能与配合物的结构有关。Cu(Ⅰ)的核外电子构型为 $d^{10}$，这种全满的 d 轨道使电子电荷的排布趋于对称。为了使配体相互远离并降低静电排斥，Cu(Ⅰ)配合物倾向于四面体的立体构型。在不同反应条件下，CuI 与配体吡啶（图中配体为 L）反应，可以分别得到"立方烷""阶梯"和"二聚体"3 种不同结构的 Cu(Ⅰ) 配合物，如图 5-1 所示。配合物的结构不同，电荷转移跃迁过程不同，因此这 3 种结构的 Cu(Ⅰ)配合物在室温紫外灯照射下发射出不同颜色的光。

Cu(Ⅰ)配合物的发光性能不仅与配合物自身结构有关，还与配体的化学结构有关。配体的取代基不同会显著影响配合物的发光性能。因此，CuI 分别与吡

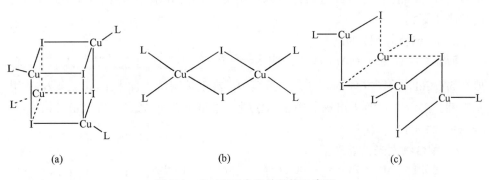

图 5-1　Cu(Ⅰ)配合物的结构示意图

啶、2,4-二甲基吡啶和2,4,6-三甲基吡啶，经由相同的合成路线生成3种Cu(Ⅰ)配合物。尽管都具备"立方烷"结构，但是配体的取代基不同，因此在室温紫外灯照射下3种配合物发射出不同颜色的光。

## 三、仪器、试剂

**仪器：**烧杯，温度计，玻璃棒，吸量管（2 mL），锥形瓶，抽滤瓶，布氏漏斗，胶头滴管，真空泵，台秤，磁力搅拌器，紫外分析仪，荧光分析仪等。

**试剂：**KI（4 mol·L$^{-1}$、饱和、s），CuI，甲醇，乙醇，正己烷，吡啶（py），2,4-二甲基吡啶（dpy），2,4,6-三甲基吡啶（tpy）。

## 四、实验步骤

### 1. [CuI(py)]$_4$的制备

称取0.3 g CuI，加入4 mol·L$^{-1}$KI溶液中，用电磁搅拌器在室温下搅拌1 min，CuI溶解得到褐色澄清溶液。在上述溶液中加入0.5 mL吡啶，溶液中立即析出灰色粉末状沉淀，抽滤。洗涤沉淀：先用饱和KI溶液洗涤2次，再分别用去离子水、甲醇、正己烷依次洗涤。

### 2. [CuI(py)]$_\infty$的制备

分别量取等体积的去离子水和甲醇，在锥形瓶中搅拌混合，加入KI固体获得饱和溶液。取上述溶液的上清液，加入0.3 g CuI，在40℃恒温水浴中搅拌溶解，再加入0.5 mL吡啶。静置，溶液中缓慢析出无色针状结晶体。抽滤并用乙醇洗涤沉淀3次。

### 3. [CuI(py)$_2$]$_2$的制备

称取0.5 g CuI溶解在吡啶中，得到黄色溶液。在溶液中加入正己烷，溶液中析出无色晶体。抽滤并用正己烷洗涤沉淀3次。

### 4. [CuI(dpy)]$_4$的制备

[CuI(dpy)]$_4$与[CuI(py)]$_4$的制备方法相同，区别在于加入的配体不同。称取0.3 g CuI，溶解在4 mol·L$^{-1}$KI溶液中。在上述溶液中加入0.5 mL 2,4-二甲基吡啶，溶液中立即析出褐色粉末状沉淀。抽滤并洗涤沉淀，与[CuI(py)]$_4$的洗涤步骤相同。

### 5. [CuI(tpy)]$_4$的制备

[CuI(tpy)]$_4$与[CuI(py)]$_4$的制备方法相同，区别在于加入的配体不同。称取0.5 g CuI，溶解在4 mol·L$^{-1}$KI溶液中。在上述溶液中加入1 mL 2,4,6-三甲基吡啶，溶液中立即析出褐色粉末状沉淀。抽滤并洗涤沉淀，与[CuI(py)]$_4$的洗涤步骤相同。

### 6. 配合物发光性能表征

在紫外灯下观察上述5个配合物的发光颜色。用荧光光谱仪分析上述5个配合物的激发和发射光谱，处理光谱数据，作图讨论Cu(Ⅰ)配合物的发光性能与结构的关系。

## 五、思考题

亚铜配合物的发光性能与取代基吡啶的结构有什么关系？

实验 15
思考题参考答案

# 第六章　设计性实验

## 实验 16　常见阴离子未知液的定性鉴定

### 一、实验目的

1. 初步了解混合阴离子的鉴定方案。
2. 掌握常见阴离子的个别鉴定方法。
3. 培养综合应用基础知识的能力。

### 二、实验原理

大多数情况下阴离子分析中彼此干扰较小，因此阴离子分析一般都采用分别分析(不经过系统分离，直接检出离子)的方法。但是为了清楚溶液中离子存在的情况，节省时间，减少分析步骤，进行阴离子系统分析还是有必要的。与阳离子的系统分析不同，阴离子的系统分析主要目的是应用组试剂来预先检查各组离子是否存在，并不是提供分组把它们系统分离，如果在分组时，已经确定某组离子并不存在，就不必进行该组离子的检出，这样可以简化分析操作过程。

初步实验包括挥发性实验、沉淀实验、氧化还原实验等。首先用 pH 试纸及稀 $H_2SO_4$ 加之闻味进行挥发性实验；其次利用 $BaCl_2$ 及 $AgNO_3$ 进行沉淀实验；最后利用 $KMnO_4$、KI-淀粉溶液进行氧化还原实验。每种阴离子与以上试剂反应的情况见表 6-1 所列。根据初步实验结果，推断可能存在的阴离子，然后做阴离子的个别鉴定。

本实验仅涉及 $Cl^-$、$Br^-$、$I^-$、$NO_3^-$、$NO_2^-$、$SO_4^{2-}$、$SO_3^{2-}$、$S_2O_3^{2-}$、$S^{2-}$、$PO_4^{3-}$、$CO_3^{2-}$、$SiO_3^{2-}$ 12 种常见阴离子的分析鉴定。

若某些离子在鉴定时发生相互干扰，应先分离，后鉴定。例如，$S^{2-}$ 的存在将干扰 $SO_3^{2-}$ 和 $S_2O_3^{2-}$ 的鉴定，应先将 $S^{2-}$ 除去。除去的方法是在含有 $S^{2-}$、$SO_3^{2-}$、$S_2O_3^{2-}$ 的混合溶液中，加入 $PbCO_3$ 或 $CdCO_3$ 固体，使它们转化为溶解度更小的硫化物而将 $S^{2-}$ 分离出去，在清液中分别鉴定 $SO_3^{2-}$、$S_2O_3^{2-}$ 即可。

$Ag^+$ 与 $S^{2-}$ 形成黑色沉淀，$Ag^+$ 与 $S_2O_3^{2-}$ 形成白色沉淀，且迅速由白→黄→棕→黑，$Ag^+$ 与 $Cl^-$、$Br^-$、$I^-$ 形成的浅色沉淀很容易被同时存在的黑色沉淀覆盖，

表 6-1 阴离子的初步实验

| 阴离子 | 试 剂 | | | | | |
|---|---|---|---|---|---|---|
| | 稀 $H_2SO_4$ | $BaCl_2$ (中性或弱碱性) | $AgNO_3$ (稀 $HNO_3$) | $I_2$-淀粉 (稀硫酸) | $KMnO_4$ (稀硫酸) | KI-淀粉 (稀硫酸) |
| $SO_4^{2-}$ | | 白色沉淀 | | | | |
| $SO_3^{2-}$ | 气体 | 白色沉淀 | | 褪色 | 褪色 | |
| $S_2O_3^{2-}$ | 气体 | 白色沉淀 | 溶液或沉淀 | 褪色 | 褪色 | |
| $S^{2-}$ | 气体 | | 黑色沉淀 | 褪色 | 褪色 | |
| $NO_3^-$ | | | | | | |
| $NO_2^-$ | 气体 | | | | 褪色 | 变蓝 |
| $Cl^-$ | | | 白色沉淀 | | 褪色 | |
| $Br^-$ | | | 淡黄色沉淀 | | 褪色 | |
| $I^-$ | | | 黄色沉淀 | | 褪色 | |
| $PO_4^{3-}$ | | 白色沉淀 | | | | |
| $CO_3^{2-}$ | 气体 | 白色沉淀 | | | | |
| $SiO_3^{2-}$ | | 白色沉淀 | | | | |

注：①在观察 $BaS_2O_3$ 沉淀时，如果没有沉淀，应用玻璃棒摩擦试管壁，加速沉淀生成。

②注意观察 $Ag_2S_2O_3$ 在空气中氧化分解的颜色变化。

③在还原性实验时一定要注意，加的氧化剂 $KMnO_4$ 和 $I_2$-淀粉的量一定要少。

所以要认真观察沉淀是否溶于或部分溶于 6 mol·L$^{-1}$ HNO$_3$ 溶液，以推断有无 $Cl^-$、$Br^-$、$I^-$ 存在的可能。

为了提高分析结果的准确性，应进行空白实验和对照实验。空白实验是以去离子水代替试液，而对照实验是用已知含有被检验离子的溶液代替试液。

## 三、仪器、试剂与材料

**仪器：**离心机，酒精灯，试管，点滴板，玻璃棒，水浴锅，胶头滴管。

**试剂：**NaNO$_2$(0.1 mol·L$^{-1}$)，BaCl$_2$(1 mol·L$^{-1}$)，Na$_2$[Fe(CN)$_5$NO](1%、新配)，(NH$_4$)$_2$CO$_3$(12%)，AgNO$_3$(0.1 mol·L$^{-1}$)，(NH$_4$)$_2$MoO$_4$，H$_2$SO$_4$(3 mol·L$^{-1}$、浓)，HCl(6 mol·L$^{-1}$)，HNO$_3$(2 mol·L$^{-1}$、6 mol·L$^{-1}$、浓)，HAc(2 mol·L$^{-1}$、6 mol·L$^{-1}$)，NH$_3$·H$_2$O(2 mol·L$^{-1}$)，Ba(OH)$_2$(饱和)，KMnO$_4$(0.01 mol·L$^{-1}$)，KI(0.1 mol·L$^{-1}$)，K$_4$[Fe(CN)$_6$](0.1 mol·L$^{-1}$)，Ag$_2$SO$_4$(0.02 mol·L$^{-1}$)，锌粉，PbCO$_3$(s)，FeSO$_4$·7H$_2$O(s)，尿素，I$_2$ 水(饱和)，CCl$_4$，淀粉溶液。

**材料：**pH 试纸。

## 四、实验步骤

某混合离子试液可能含有 $CO_3^{2-}$、$NO_2^-$、$NO_3^-$、$PO_4^{3-}$、$S^{2-}$、$SO_3^{2-}$、$S_2O_3^{2-}$、$SO_4^{2-}$、$Cl^-$、$Br^-$、$I^-$，按下列步骤进行分析，确定试液中含有哪些离子。

**1. 初步实验**

(1)用 pH 试纸测试未知试液的酸碱性：如果溶液呈酸性，哪些离子不可能存在？如果试液呈碱性或中性，可取试液数滴，用 $3\ mol\cdot L^{-1}H_2SO_4$ 溶液酸化并水浴加热。若无气体产生，表示 $CO_3^{2-}$、$NO_2^-$、$S^{2-}$、$SO_3^{2-}$、$S_2O_3^{2-}$ 等离子不存在；如果有气体产生，则可根据气体的颜色、臭味和性质初步判断哪些阴离子可能存在。

(2)钡组阴离子的检验：在离心试管中加入几滴未知液，加入 $1\sim2$ 滴 $1\ mol\cdot L^{-1}$ $BaCl_2$ 溶液，观察有无沉淀产生。如果有白色沉淀产生，可能有 $SO_4^{2-}$、$SO_3^{2-}$、$PO_4^{3-}$、$CO_3^{2-}$ 等离子($S_2O_3^{2-}$ 的浓度大时才会产生 $BaS_2O_3$ 沉淀)。离心分离，在沉淀中加入数滴 $6\ mol\cdot L^{-1}HCl$ 溶液，根据沉淀是否溶解，进一步判断哪些离子可能存在。

(3)银盐组阴离子的检验：取几滴未知液，滴加 $0.1\ mol\cdot L^{-1}AgNO_3$ 溶液。如果立即生成黑色沉淀，表示有 $S^{2-}$ 存在；如果生成白色沉淀，迅速变黄、变棕、变黑，则有 $S_2O_3^{2-}$。但 $S_2O_3^{2-}$ 浓度大时，也可能生成 $Ag(S_2O_3)_2^{3-}$ 不析出沉淀。$Cl^-$、$Br^-$、$I^-$、$CO_3^{2-}$、$PO_4^{3-}$ 都与 $Ag^+$ 形成浅色沉淀，如有黑色沉淀，则它们有可能被掩盖。离心分离，在沉淀中加入 $6\ mol\cdot L^{-1}HNO_3$ 溶液，必要时加热。若沉淀不溶或只发生部分溶解，则表示有可能存在 $Cl^-$、$Br^-$、$I^-$。

(4)氧化性阴离子检验：取几滴未知液，用 $3\ mol\cdot L^{-1}H_2SO_4$ 溶液酸化，加 $CCl_4$ $5\sim6$ 滴，再加入几滴 $0.1\ mol\cdot L^{-1}KI$ 溶液。振荡后，$CCl_4$ 层呈紫色，说明有 $NO_2^-$ 存在(若溶液中有 $SO_3^{2-}$ 等，酸化后 $NO_2^-$ 先与它们反应而不一定氧化 $I^-$，$CCl_4$ 层无紫色不能说明无 $NO_2^-$)。

(5)还原性阴离子检验：取几滴未知液，用 $3\ mol\cdot L^{-1}H_2SO_4$ 溶液酸化，然后加入 $1\sim2$ 滴 $0.01\ mol\cdot L^{-1}KMnO_4$ 溶液。若 $KMnO_4$ 的紫红色褪去，表示可能存在 $SO_3^{2-}$、$S_2O_3^{2-}$ 等离子。

根据以上实验结果，判断有哪些离子可能存在。

**2. 确证性检验**

根据初步检验结果，对可能存在的阴离子进行确证性检验。给出鉴定结果，写出鉴定步骤及相关的反应方程式。

## 五、思考题

1. 鉴定 $NO_3^-$ 时，怎样除去 $NO_2^-$、$Br^-$、$I^-$ 的干扰？

2. 还原性实验时，为什么加入氧化剂 $KMnO_4$ 的量一定要少？

3. 在 $Cl^-$、$Br^-$、$I^-$ 的分离鉴定中，为什么用 12% $(NH_4)_2CO_3$ 将 AgCl 与 AgBr 和 AgI 分离开？

实验 16
思考题参考答案

# 实验 17  常见混合阳离子的定性鉴定

## 一、实验目的

1. 掌握两酸三碱系统分析法分离鉴定常见阳离子。
2. 了解硫化氢系统分析法分离鉴定常见阳离子。
3. 进一步学习和掌握分离、鉴定的基本操作与实验技能。
4. 自行设计对给定的未知混合阳离子试液进行定性鉴定的方案。

## 二、实验原理

利用化学反应现象进行定性鉴定通常分为以下几种：①与试剂反应生成沉淀，有时会对沉淀做进一步反应；②与试剂反应或通过加热手段生成气体，必要时对气体做性质实验；③与试剂反应显色；④焰色反应；⑤其他特征反应。

常见阳离子大概有 20 种，个别检出时由于常受到干扰，所以对混合阳离子进行定性分析时通常是先分离再鉴定，就是先利用阳离子一些共性将它们分成若干组，然后根据单个性质进行个别鉴定。具体来说，就是选用合适的试剂，使待鉴定的阳离子按照分组顺序沉淀出来；然后选用合适的试剂对各组离子进行组内分离；依此类推，直至可以分别鉴定。其中，凡能使一组阳离子在适当的反应条件下生成沉淀而与其他组阳离子分离的试剂称为组试剂。

实验室常用的混合阳离子分组法有两酸三碱系统分析法和硫化氢系统分析法两种。

两酸三碱系统法中，两酸为盐酸、硫酸，三碱为氨水、氢氧化钠、硫化铵。其原理为采用这两种酸和三种碱作为组试剂将 20 多种常见阳离子分为盐酸组、硫酸组、氨合物组、氢氧化物组、两性组、易溶组 6 个组进行分离鉴定。

值得注意的是，虽然易溶阳离子组是分组最后获得，但应取原试液进行，以免分组分离过程中引入的 $Na^+$ 和 $NH_4^+$ 等对检验结果产生干扰。两酸三碱系统分析法如图 6-1 所示。

硫化氢系统分析法，主要是以硫化物溶解度不同为基础的系统分析法，以 $HCl$、$H_2S$、$(NH_4)_2S$ 和 $(NH_4)_2CO_3$ 为组试剂，将 20 多种常见阳离子分为 5 个组进行分离鉴定。硫化氢系统分析法如图 6-2 所示。注意：$H_2S$ 有毒，使用时要在通风橱中进行。

需要说明的是，为了尽可能保证定性分析的准确，实验中要严格操作，如沉淀须完全，沉淀和溶液之间要分离彻底，沉淀须洗涤干净；再者，实验过程中严格控制试剂用量和浓度的同时，也要严格控制温度和加热时间；还有就是排除干扰离子，防止离子"丢失"或"检出"；最后，实验过程中必须有空白实验和对照

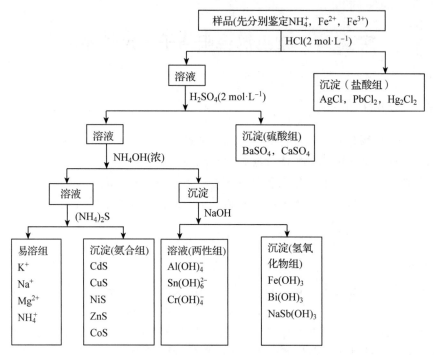

图 6-1　两酸三碱系统分析法

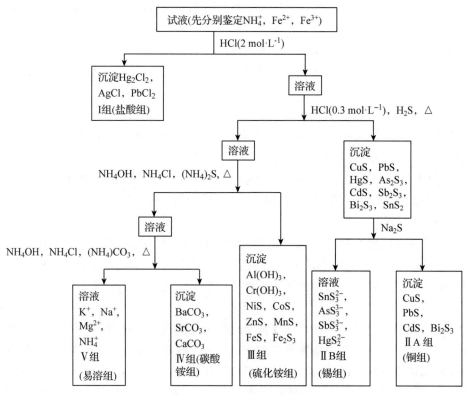

图 6-2　硫化氢系统分析法

实验。每种离子的分别检测可以参照附录 9 进行。

## 三、仪器、试剂与材料

**仪器：**离心机，水浴锅，酒精灯，试管，离心管，点滴板，胶头滴管。

**试剂：**$HCl$（$2\ mol \cdot L^{-1}$、$6\ mol \cdot L^{-1}$、浓），$H_2SO_4$（$1\ mol \cdot L^{-1}$、$2\ mol \cdot L^{-1}$、$6\ mol \cdot L^{-1}$、浓），$HNO_3$（$2\ mol \cdot L^{-1}$、$6\ mol \cdot L^{-1}$、浓），$HAc$（$6\ mol \cdot L^{-1}$），$NaOH$（$2\ mol \cdot L^{-1}$、$6\ mol \cdot L^{-1}$、40%），$NH_3 \cdot H_2O$（$2\ mol \cdot L^{-1}$、$6\ mol \cdot L^{-1}$、浓），$KSCN$（$0.1\ mol \cdot L^{-1}$），$KI$（$0.1\ mol \cdot L^{-1}$），$K_2CrO_4$（$0.1\ mol \cdot L^{-1}$），$K_4[Fe(CN)_6]$（$0.1\ mol \cdot L^{-1}$），$Na_2CO_3$（$0.5\ mol \cdot L^{-1}$、饱和），$Na_2S$（$0.1\ mol \cdot L^{-1}$、$0.5\ mol \cdot L^{-1}$），$NaAc$（$3\ mol \cdot L^{-1}$），$EDTA$（饱和），$NH_4Ac$（$3\ mol \cdot L^{-1}$），$NH_4Cl$（$3\ mol \cdot L^{-1}$），$(NH_4)_2S$（$6\ mol \cdot L^{-1}$），$(NH_4)_2C_2O_4$（饱和），$SnCl_2$（$0.1\ mol \cdot L^{-1}$），$HgCl_2$（$0.1\ mol \cdot L^{-1}$），$H_2O_2$（3%），$(NH_4)CO_3$（12%），$H_2S$（饱和），丁二酮肟溶液，二苯硫腙溶液，奈斯勒试剂，$NaBiO_3(s)$，$KSCN(s)$，铝片，锡片，乙醇（95%），戊醇，丙酮，$CCl_4$ 等。

**材料：**pH 试纸，滤纸条。

## 四、实验步骤

某混合离子试液可能含有 $Ag^+$、$Hg_2^{2+}$、$Hg^{2+}$、$Pb^{2+}$、$Bi^{3+}$、$Cu^{2+}$、$Cd^{2+}$、$As^{3+}$、$As^{5+}$、$Sb^{3+}$、$Sb^{5+}$、$Sn^{2+}$、$Sn^{4+}$、$Al^{3+}$、$Cr^{3+}$、$Fe^{3+}$、$Fe^{2+}$、$Mn^{2+}$、$Zn^{2+}$、$Co^{2+}$、$Ni^{2+}$、$Ba^{2+}$、$Ca^{2+}$、$Mg^{2+}$、$K^+$、$Na^+$、$NH_4^+$，按下列步骤进行分析，确定试液中含有哪些离子。

(1) 领取未知混合阳离子样品，利用两酸三碱系统分析法设计定性分析的实验方案。

(2) 领取未知混合阳离子样品，利用两酸三碱系统分析法设计定性分析的实验方案。

(3) 按照教师审查可行的实验方案，独立完成实验，并写出规范的实验报告。实验报告包括目的要求、实验原理、实验用品、操作步骤、注意事项等。必须写出未知样品所含的阳离子鉴定结果，鉴定步骤及有关的离子反应方程式。

## 五、思考题

1. 本实验中控制酸度为什么用 $HCl$ 不用 $HNO_3$？

2. 使用 $H_2S$ 从离子混合试液中沉淀 $Cd^{2+}$、$Bi^{3+}$、$Pb^{2+}$、$Hg^{2+}$ 等离子时，为什么要控制溶液的酸度，酸度太高或太低对分离有何影响？

实验 17
思考题参考答案

# 实验18 利用废铝罐制备净水剂——明矾

## 一、实验目的

1. 应用所学的知识设计回收废弃易拉罐制成具有净水功用的明矾。

2. 进一步掌握溶解、过滤、结晶以及沉淀的转移和洗涤等无机制备中常用的基本操作。

3. 培养查阅资料、设计实验路线和拟定实验条件的能力。

4. 树立勤俭节约、化废为宝的观念，增强环保意识。

## 二、实验原理

走在街上到处可发现被抛弃的饮料罐，其中铝罐是不易被分解废弃物之一，平均寿命约达100年。铝虽是地壳中含量第三的元素，但并不表示是用之不尽的，必须找出一个可行方法来回收。一般回收的铝罐多是经加热熔融后再制成其他铝制品重复利用，明矾是其中一种经济廉价、实用的回收利用产品。

铝是活泼的金属，但因其表面常被一层氧化铝保护着，从而与稀酸反应很慢。碱性溶液可以溶解此氧化层，进一步再与铝反应形成 $Al(OH)_4^-$ 而溶解于碱液中，将废弃的废铝罐经一连串的化学反应制成具有净水功能的明矾的相关反应如下：

$$2Al+2NaOH + 6H_2O = 2NaAl(OH)_4 + 3H_2(g)$$
$$2NaAl(OH)_4 + H_2SO_4 = 2Al(OH)_3(s) + Na_2SO_4 + 2H_2O$$
$$2Al(OH)_3 + 3H_2SO_4 = Al_2(SO_4)_3(s) + 6H_2O$$
$$Al_2(SO_4)_3(s)+K_2SO_4+24H_2O = 2KAl(SO_4)_2 \cdot 12H_2O$$

金属铝中其他杂质不溶于 $NaOH$ 溶液，生成可溶性的四羟基铝酸钠。用 $H_2SO_4$ 调节溶液的 pH 值为 $8\sim9$，即有 $Al(OH)_3$ 沉淀产生，分离后在沉淀中加入 $H_2SO_4$ 使 $Al(OH)_3$ 溶解，得 $Al_2(SO_4)_3$ 溶液。由于明矾 $[KAl(SO_4)_2 \cdot 12H_2O]$ 是离子化合物，能从含 $SO_4^{2-}$、$Al^{3+}$ 及 $K^+$ 的过饱和溶液中结晶出来，在适当的条件下可长成相当大的结晶体。上述 $Al_2(SO_4)_3$ 中再加入 $K_2SO_4$，即可得到 $KAl(SO_4)_2 \cdot 12H_2O$。

## 三、实验步骤

(1)查阅有关资料，制订实验方案，内容包括目的要求、实验原理、实验用品、操作步骤、注意事项等，经指导教师审核同意后再进行实验。

(2)根据经教师审查可行的实验方案，独立完成实验，写出规范的实验报告。

## 四、思考题

1. 写出废铝制备明矾的工艺路线。
2. 明矾有哪些用途？举出实例说明。

实验 18
思考题参考答案

# 实验 19　利用农业废弃物麦秸秆制备
# 黄原酸酯絮凝剂处理含铜废水

## 一、实验目的

1. 应用所学的知识设计利用农业废弃物麦秸秆制备黄原酸酯絮凝剂处理含铜废水。
2. 进一步掌握溶解、过滤和洗涤等无机制备中常用的基本操作。
3. 培养查阅资料、设计实验路线和拟定实验条件的能力。
4. 树立勤俭节约、化废为宝的观念，增强环保意识。

## 二、实验原理

现在环保问题越来越受到人们重视，而水污染不仅影响生态环境，还直接影响人类的身体健康，而工业废水更是水污染的重要来源，铜的冶炼、加工以及电镀等工业生产过程中都会产生大量含铜废水，这种废水排入水体中，会严重影响水的质量，对环境造成污染。水中铜含量达 $0.01\ mg \cdot L^{-1}$ 时，对水体自净有明显的抑制作用，超过 $3.0\ mg \cdot L^{-1}$ 会产生异味，超过 $15\ mg \cdot L^{-1}$ 就无法饮用。因此，工业废水必须经过处理才能达到环境要求。

化学沉淀法是铜和大多数重金属的常规处理方法，一般酸性含铜污水经调整 pH 值后，再经沉淀过滤，能达到出水含铜量小于 $0.5\ mg \cdot L^{-1}$。化学法处理含铜废水具有技术成熟、投资少、处理成本低、适应性强、管理方便、自动化程度高等诸多优点，在适当的条件下，处理后的废水中铜离子的质量浓度显著低于国家标准规定的污水排放标准。

化学沉淀法不足之处在于产生含重金属污泥，若污泥没有得到妥善的处理还会产生二次污染，用化学法处理含铜废水，首先必须破除络合剂，使铜以离子形式存在于清洗废水中，否则会形成铜络合物，处理后的出水铜含量依然很高；其次固液分离效果对出水铜含量影响较大，所以设计处理工艺要经过重力澄清池和砂滤，这样占地面积就很大，此外，只有 pH 值控制适宜，澄清池设计合理，沉渣沉淀性能良好或用过滤进行三级处理，出水铜含量才能稳定达到 $0.5\ mg \cdot L^{-1}$ 以下。

吸附法是利用材料的物理吸附和化学吸附等作用去除废水中有害物质的方

法，该法应用广泛，活性炭、沸石分子筛、粉煤灰、矿物等对铜离子的吸附作用及应用均有报道，吸附法处理含铜废水，优点是吸附剂来源广泛、成本低、操作方便、吸附效果好，但吸附剂的使用寿命短、再生困难、难以回收铜离子。作为一种能沉淀和固定水中重金属的天然高分子有机改性吸附剂，黄原酸酯具有廉价高效、没有硫化物残留的特点，在处理含重金属废水中得到广泛地应用。我国农作物秸秆年产量约 6 亿吨，但利用度还相当低，大部分秸秆被焚烧处理，不仅造成了严重的环境污染问题，而且浪费了宝贵的生物质资源，研究和开发利用秸秆，对解决当前的资源和能源两大问题，实现可持续发展农业战略，具有重大的现实意义。

　　絮凝剂主要是带有正(负)电性的基团中和一些水中带有负(正)电性难于分离的一些粒子或者颗粒，降低其电势，使其处于不稳定状态，并利用其聚合性质使这些颗粒集中，并通过物理或者化学方法分离出来。一般为达到这种目的而使用的药剂，称为絮凝剂。絮凝法处理污水是目前最经济、最实用的方法之一。通过向水体中投加絮凝剂，使水中污染物形成难溶或不溶物漂浮在水上或沉到水底，最终达到去除的目的。

　　黄原酸酯是黄原酸[$ROC(=S)SH$]形成的酯类。是一类具有通式 $S=C-SR_1(OR_2)$ 的化合物，其中 $R_1$ 除烃基外还可以是钾或钠。秸秆中含有纤维素，用碱处理，其纤维素生成碱纤维素，碱纤维素再与 $CS_2$ 反应生成纤维素黄原酸酯。用秸秆转化为黄原酸酯絮凝剂，既达到了废物利用，又可用于废水处理。

## 三、实验步骤

　　(1)查阅有关资料，制订实验方案，内容包括目的要求、实验原理、实验用品、操作步骤、注意事项等。经指导教师审核同意后再进行实验。

　　(2)根据经教师审查可行的实验方案，独立完成实验，写出规范的实验报告。

## 四、思考题

含铜废水中的铜离子的浓度怎么确定？

实验 19
思考题参考答案

# 实验 20　Fe(OH)₃ 溶胶的制备及电泳

## 一、实验目的

1. 应用所学的知识设计制备 $Fe(OH)_3$ 溶胶的方法。

2. 观察溶胶的电泳现象并了解其电学性质。

3. 培养查阅资料、设计实验路线和拟定实验条件的能力。

## 二、实验原理

胶体是由直径为 $1\sim100$ nm 的分散相粒子分散在分散剂中构成的多相体系。肉眼和普通显微镜看不见胶体中的粒子，整个体系是透明的。如分散相为难溶的固体，分散剂为液体，形成的胶体称为憎液溶胶。

溶胶可由两个途径获得：一是凝聚法；二是分散法。本实验所用的 $Fe(OH)_3$ 溶胶即由前一途径，通过化学反应以凝聚法制得。

电泳（electrophoresis）：由于离子的溶剂化作用，紧密层结合有一定数量的溶剂分子，在电场的作用下，它和胶粒作为一个整体移动，而扩散层中的反离子则向相反的电极方向移动，这种在电场作用下分散相粒子相对于分散介质的运动称为电泳。发生相对移动的界面称为切动面，切动面和液体内部的电位差称为电动电位或 $\zeta$ 电位。不同的带电颗粒在同一电场中的运动状态和速度是不同的，泳动速度与本身所带净电荷的数量、颗粒的大小和形状有关。一般来说，所带的电荷数量越多，颗粒越小越接近球形，则在电场中泳动速度越快，反之越慢。

## 三、实验步骤

(1) 查阅有关资料，制订实验方案，内容包括目的要求、实验原理、实验用品、操作步骤、注意事项等。经指导教师审核同意后再进行实验。

(2) 根据经教师审查可行的实验方案，独立完成实验，写出规范的实验报告。

## 四、思考题

1. $Fe(OH)_3$ 溶胶带哪种电荷？为什么？
2. 电泳速度的快慢与哪些因素有关？

实验 20
思考题参考答案

# 实验 21 水垢的清除

## 一、实验目的

1. 了解水垢的主要成分。
2. 掌握清除水垢的原理、方法和操作技能。
3. 加深对沉淀转化和溶度积规则的理解和应用。

## 二、实验原理

当人们长期使用水壶或锅炉烧水时，水壶或锅炉内壁会结有一层厚厚的水垢，使其导热能力下降，影响加热效率，浪费燃料。水垢对人体是有害的，它常含有汞、镉、铅、砷等元素，可使人慢性中毒，需定期及时清除。对于大型的锅炉而言，其危害则更为严重。水垢使锅炉内金属导管的导热能力大大降低，并且会使管道局部过热，当超过金属允许的温度时，锅炉管道将变形或损坏，甚至会引起爆炸，使人们的生产生活受到严重影响。

水垢是水中的钙离子和镁离子等以沉淀的形式在水壶或锅炉内壁经长期烧煮后沉积而成，其主要成分为 $CaCO_3$、$Mg(OH)_2$、$CaSO_4$，在水垢中的含量大致为 5∶1∶1，所以，水垢的主要成分是 $CaCO_3$，$Mg(OH)_2$、$CaSO_4$ 的含量相对较少，但由于 $CaSO_4$ 不溶于酸，所以去除 $CaSO_4$ 是去除水垢的关键。

由一种沉淀转化为另一种沉淀的过程，称为沉淀的转化。根据沉淀转化的平衡常数大小来判断转化的可能性。将溶解度较大的沉淀转化为溶解度较小的沉淀，沉淀转化的平衡常数较大，转化较为容易实现。本实验对于不能直接酸洗去除的水垢采用沉淀转化的方法，转化为可溶于酸的沉淀，再酸洗清除。

处理水垢时，先加入饱和 $Na_2CO_3$ 溶液浸泡，发生下列沉淀转化反应：

$$CaSO_4(s) + CO_3^{2-} \rightleftharpoons CaCO_3(s) + SO_4^{2-}$$

这是两个沉淀溶解平衡的竞争，由于 $CaSO_4$ 的溶度积为 $K_{sp}^{\ominus} = 4.93 \times 10^{-5}$，$CaCO_3$ 的溶度积为 $K_{sp}^{\ominus} = 3.36 \times 10^{-9}$，由此可计算得到该转化反应的竞争平衡常数为

$$K_j^{\ominus} = \frac{K_{sp}^{\ominus}(CaSO_4)}{K_{sp}^{\ominus}(CaCO_3)} = 1.47 \times 10^4$$

反应的平衡常数较大，说明该转化反应容易进行，既难溶于水又难溶于酸的 $CaSO_4$ 被转化为 $CaCO_3$。再向处理后的水垢中加入 $NH_4Cl$ 溶液，此时水垢与弱酸 $NH_4^+$ 反应生成 $CO_2$ 和 $NH_3$ 而溶解，从而将锅炉水垢全部清除。由于 $NH_4Cl$ 酸性较弱，锅炉本身也基本不被腐蚀。整个过程的反应如下：

$$Mg(OH)_2(s) + 2NH_4^+ \rightleftharpoons Mg^{2+} + 2NH_3\uparrow + H_2O \qquad K^{\ominus} = 1.7 \times 10^{-2}$$
$$CaCO_3(s) + 2NH_4^+ \rightleftharpoons Ca^{2+} + 2NH_3\uparrow + H_2O + CO_2\uparrow \qquad K^{\ominus} = 3.3 \times 10^{17}$$

## 三、仪器、试剂

**仪器**：电子天平（0.1 g），烧杯（100 mL），量筒（25 mL），玻璃棒。

**试剂**：水垢样品，$Na_2CO_3$（饱和），$NH_4Cl(s)$。

## 四、实验步骤

（1）称取 2 g 水垢样品于 100 mL 烧杯中，加入 20 mL 饱和 $Na_2CO_3$ 溶液搅拌均匀，放置 10~15 min（放置时不能搅拌），使 $Na_2SO_4$ 完全转化成 $Na_2CO_3$，观察并记录实验现象。

（2）继续向烧杯中加入适量固体 $NH_4Cl$，并不断搅拌，直到溶液变得澄清为止。观察并记录实验现象。

## 五、思考题

1. 沉淀转化的原理是什么？
2. 水垢清除的实验原理是什么？

实验 21
思考题参考答案

# 第七章　趣味实验

## 实验 22　碘钟反应

### 一、实验目的

了解碘钟反应的基本原理，并观察实验现象。

### 二、实验原理

碘钟反应（iodine clock reaction）是一种化学振荡反应，其体现了化学动力学的原理。它于 1886 年被瑞士化学家 Hans Heinrich Landolt 发现。碘钟反应可以通过不同的途径实现。下面介绍一个简单的碘钟实验的途径。

酸性介质中，碘酸钾与过氧化氢反应生成单质碘。碘遇淀粉显蓝色。

$$5H_2O_2 + 2KIO_3 + H_2SO_4 \Longrightarrow I_2 + 5O_2\uparrow + 6H_2O + K_2SO_4$$

当碘浓度较大时，则与过氧化氢反应，重新生成碘酸钾。碘被消耗，淀粉溶液蓝色褪去。

$$5H_2O_2 + I_2 \Longrightarrow 2HIO_3 + 4H_2O$$

此外，丙二酸与碘反应生成碘离子，增大了碘分子的溶解度，起到贮存碘的作用，从而延长了颜色循环变化的周期，增加了颜色循环的次数。此时溶液呈琥珀色。

$$I_2 + CH_2(COOH)_2 \Longrightarrow ICH(COOH)_2 + I^- + H^+$$
$$I_2 + ICH(COOH)_2 \Longrightarrow I_2C(COOH)_2 + I^- + H^+$$
$$I_2 + I^- \Longrightarrow I_3^-$$

### 三、仪器、试剂

**仪器**：锥形瓶（250 mL），容量瓶（250 mL），烧杯（100 mL），试剂瓶（500 mL），量筒（10 mL、100 mL）。

**试剂**：$H_2O_2$（29%），丙二酸，$MnSO_4$（s），可溶性淀粉，$KIO_3$（s），$H_2SO_4$（2 mol·$L^{-1}$）。

## 四、实验步骤

配制以下 3 种溶液。

A 液：量取 102.5 mL 29% $H_2O_2$ 溶液，转移入 250 mL 容量瓶里，用蒸馏水稀释到刻度，得 3.6 $mol \cdot L^{-1}$ $H_2O_2$ 溶液。

B 液：称取 10.7 g $KIO_3$ 溶于适量热水中，再加入 10 mL 2 $mol \cdot L^{-1}$ $H_2SO_4$ 溶液酸化。所得溶液转移入 250 mL 容量瓶里，用去离子水稀释到刻度，得到 0.2 $mol \cdot L^{-1}$ $KIO_3$ 和 0.08 $mol \cdot L^{-1}$ $H_2SO_4$ 的混合溶液。

C 液：分别称取 3.9 g 丙二酸和 0.845 g $MnSO_4$，分别溶于适量水中。另称取 0.075 g 可溶性淀粉，溶于 50 mL 左右沸水中。把三者转移入 250 mL 容量瓶里，稀释到刻度，得到含 0.15 $mol \cdot L^{-1}$ 丙二酸、0.02 $mol \cdot L^{-1}$ $MnSO_4$ 和 0.03% 淀粉的混合溶液。

将上述 3 种溶液装入试剂瓶中备用。

取以上 A、B、C 溶液各 50 mL，加入锥形瓶中，振荡，观察溶液由蓝色→无色→琥珀色周期性的变化。

## 五、思考题

1. 碘钟反应的原理是什么？
2. 碘钟反应中，加入丙二酸作用是什么？
3. 查资料了解碘钟反应还可以通过哪些途径实现。
4. 查资料了解还有其他哪些类似的振荡反应实验。

实验 22
思考题参考答案

# 实验 23 水中花园

## 一、实验目的

1. 了解大多数硅酸盐难溶于水。
2. 熟悉化学基本操作。
3. 了解化学实验"水中花园"的制作原理和过程。

## 二、实验原理

金属盐固体加入硅酸钠溶液后，它们就开始缓慢地反应生成各种不同颜色的硅酸盐胶体(大多数硅酸盐难溶于水)。

当把盐投入水玻璃溶液中时，会生成不溶性硅酸盐，这些硅酸盐首先在晶体表面形成一层难溶于水而又有半透性的薄膜，该薄膜只允许水往晶体中渗透，而其他离子则不能透过去，当渗入的水又溶解了可溶性盐，将薄膜胀裂后又会遇到硅酸钠作用形成新的薄膜，这一过程不断重复使硅酸盐在硅酸钠胶体中长成美丽的枝状"树"，如"水中花园"一样。

$$CuSO_4+Na_2SiO_3=\!=\!=CuSiO_3\downarrow+Na_2SO_4$$
$$MnSO_4+Na_2SiO_3=\!=\!=MnSiO_3\downarrow+Na_2SO_4$$
$$CoCl_2+Na_2SiO_3=\!=\!=CoSiO_3\downarrow+2NaCl$$
$$NiSO_4+Na_2SiO_3=\!=\!=NiSiO_3\downarrow+Na_2SO_4$$

## 三、仪器、试剂

**仪器：**烧杯，试管，玻璃棒。

**试剂：**$Na_2SiO_3$（s，白色），$MnSO_4$（s，淡粉色），$ZnSO_4$（s，白色），$NiSO_4$（s，深绿色），$CuSO_4$（s，蓝色），$FeSO_4$（s，薄荷绿），$FeCl_3$（s，深黄色），$CoCl_2$（s，深紫色）。

## 四、实验步骤

（1）配制 20% $Na_2SiO_3$ 溶液，即水玻璃（约占容器容积的 2/3）。

（2）将各种盐晶体放入水玻璃中。

注意：实验过程中注意不能摇晃。

## 五、实验结果

约 30 min 后可观察到烧杯中长出各种不同颜色的"枝条"，有的甚至浮出水面，开出色彩艳丽的"花朵"，犹如一座美丽的水中花园。若要长期保存，可用吸管吸出多余的 $Na_2SiO_3$ 溶液，并注入清水（吸出的 $Na_2SiO_3$ 溶液可重复使用）。

## 六、思考题

1. 请写出本实验中的所有反应方程式。
2. $Na_2SiO_3$ 溶液应该怎样保存？

实验 23
思考题参考答案

# 实验 24　喷雾作画

## 一、实验目的

1. 熟悉化学基本操作。
2. 了解喷雾作画实验的制作原理。

## 二、实验原理

$FeCl_3$ 溶液为黄色，遇到 KSCN 溶液，显血红色，遇到 $K_4[Fe(CN)_6]$ 溶液显蓝色，遇到 $K_3[Fe(CN)_6]$ 溶液显绿色，遇苯酚显紫色。

### 三、仪器、试剂

仪器：白纸，喷雾器，毛笔，木架，按钉。

试剂：$FeCl_3$，KSCN，$K_4[Fe(CN)_6]$（浓），$K_3[Fe(CN)_6]$（浓），苯酚（浓）。

### 四、实验步骤

(1)用干净的毛笔分别蘸取 KSCN 溶液、$K_4[Fe(CN)_6]$ 浓溶液、$K_3[Fe(CN)_6]$ 浓溶液、苯酚浓溶液，在白纸上作画。

(2)把白纸晾干，钉在木架上。

(3)用喷雾器在绘有图画的白纸上喷上 $FeCl_3$ 溶液，观察现象。

### 五、思考题

1. 喷雾作画的实验原理是什么？

2. 与实验现象相关的化学反应方程式有哪些？

实验 24
思考题参考答案

# 实验 25 火山爆发

### 一、实验目的

1. 熟悉化学基本操作。

2. 了解火山爆发实验的制作原理。

### 二、实验原理

重铬酸铵是橘黄色晶体或粉末，加热分解，反应十分剧烈，反应方程式如下：

$$(NH_4)_2Cr_2O_7 \xrightarrow{\triangle} N_2\uparrow + Cr_2O_3 + 4H_2O$$

重铬酸铵的热分解反应不同于一般铵盐的热分解，是一个自身氧化还原反应，$Cr_2O_7^{2-}$ 把 $NH_4^+$ 氧化为 $N_2$，同时本身被还原为稳定的 $Cr_2O_3$。

### 三、仪器、试剂

仪器：石棉板，药匙，火柴。

试剂：$(NH_4)_2Cr_2O_7(s)$，镁条。

### 四、实验步骤

(1)用药匙取 20 g $(NH_4)_2Cr_2O_7$ 固体在石棉板上堆成小山状。

（2）取一根较长的镁条，插在小山中央。

（3）用火柴点燃镁条，引燃$(NH_4)_2Cr_2O_7$固体，观察现象。

注意：①实验应在通风橱进行，因为重铬酸铵分解时会产生灰尘。②Cr（Ⅵ）有毒，应回收处理。

实验 25
思考题参考答案

## 五、思考题

本实验为什么叫火山爆发？$(NH_4)_2Cr_2O_7$燃烧时有什么现象？

# 实验 26　隐形墨水

## 一、实验目的

通过观察实验现象了解隐形墨水的基本原理。

## 二、实验原理

隐形墨水是经典的趣味化学实验，一般是利用无色酚酞试剂在白纸上写字，再利用碱液使其显色，或是用淀粉溶液与碘溶液的显色反应。根据多种多样的反应类型，将不同的物质作为隐形墨水，通过显色剂，使文字呈现不同的颜色。

## 三、仪器、试剂

**仪器**：白纸。

**试剂**：酚酞，碳酸钠，柠檬汁，洋葱汁，氯化铁，水杨酸，硝酸铅，碘化钾，草酸，高锰酸钾。

## 四、实验步骤

（1）酸碱型墨水：将酚酞作为隐形墨水在白纸上写字，晾干后将碳酸钠溶液喷洒在信纸上，观察实验现象。

（2）脱水型墨水：将柠檬汁、洋葱汁作为隐形墨水在白纸上写字，晾干后加热这张信纸，观察实验现象。

（3）配合物离子型墨水：将水杨酸作为隐形墨水在白纸上写字，晾干后用氯化铁作为显色剂，观察实验现象。

（4）沉淀型墨水：将硝酸铅作为隐形墨水在白纸上写字，用碘化钾溶液作为显色剂，观察实验现象。

（5）氧化还原型墨水：将草酸作为隐形墨水在白纸上写字，晾干后将整张纸浸入高锰酸钾溶液后迅速取出，观察实验现象。

## 五、实验结果

(1)酸碱型墨水：酚酞与碱性溶液接触，字迹呈粉红色。

(2)脱水型墨水：柠檬汁、洋葱汁与纸张纤维素发生反应，降低了纸张的着火点，或者汁液中的有机物分子在温度较高的情况下失水，因此加热后字迹处呈棕色甚至出现烧焦状。

(3)配合物离子型墨水：铁离子与水杨酸反应生成水杨酸配合物，字迹呈棕色。

(4)沉淀型墨水：硝酸铅与碘化钾溶液反应生成碘化铅沉淀，字迹呈黄色。

(5)氧化还原型墨水：高锰酸根离子被草酸根离子还原成无色的锰离子，所以有字迹处呈无色。

实验 26
思考题参考答案

## 六、思考题

请分别写出沉淀型墨水、氧化还原型墨水显色反应的方程式。

# 实验 27　洗涤剂的制备

## 一、实验目的

1. 学习简单的液体洗涤剂的制备方法。
2. 了解洗涤的基本过程。

## 二、实验原理

洗涤剂的有效成分是表面活性剂，在衣物洗涤剂中，常用的表面活性剂分为阴离子型和非离子型。最典型的阴离子型表面活性剂有肥皂中常用的硬脂酸钠（$C_{17}H_{35}COONa$）和洗衣粉中常用的十二烷基苯磺酸钠（$3R_{12}\text{-}Ph\text{-}SO_3Na$），非离子型表面活性剂主要是烷基聚氧乙烯醚$[CH_3(CH_2)_xC_6H_4(OC_2H_4)_yOH]$。非离子型表面活性剂在水溶液中不产生离子，它在水中的溶解是由于它具有对水亲和力很强的官能团，和阴离子类型相比较，其乳化能力更高，并具有一定的耐硬水能力，有很好的除皮质污垢的能力，对合成纤维有防止再污染作用，是净洗剂、乳化剂配方中不可或缺的成分，因此常用作液体洗涤剂（如丝毛洗涤剂）的主要成分。

洗涤的过程通常是指从被洗物表面去污除垢的过程。在洗涤时，通过一些化学物质（如洗涤剂等）的作用以减弱或消除污垢与被洗物之间的相互作用，使污垢与被洗物的结合转变为污垢与洗涤剂的结合，最终使污垢与被洗物脱离。因被洗涤的对象要清除污垢是多种多样的，因此洗涤是一个十分复杂的过程。洗涤过程是可逆的，与洗涤剂结合的污物，有可能重新回到被洗涤物表面，因此作为优质的洗涤剂，应能够同时降低污垢与被洗物表面的结合能力，并防止污垢再沉积到被洗物表面上来。

家用洗涤剂配方有十多种组成，主要有效成分是表面活性剂，本实验采用十二烷基苯磺酸钠，它具有优异的渗透、洗涤、润湿、去污和乳化作用。聚丙烯酰胺是水溶性高分子，作为增稠剂，可使溶液增加黏度，尿素作防冻剂，防止冬天冻结和析出，甲醛是防腐剂，另外还可加入香精以改变香型。除基本配方外，还可加入其他添加剂以改善性能，如洗衣液中加入荧光增白剂、消毒杀菌剂和柔软剂等。

液体洗涤剂的基本配方：

十二烷基苯磺酸钠 5%　　　甲醛 0.1%　　　　　尿素 1%

聚丙烯酰胺 1%　　　　　　柠檬香精 0.05%

产品质量要求：pH = 7.5~8.5，−5~45℃ 下 48 h 不分层、不浑浊、不沉淀、不凝固。

## 三、仪器、试剂

**仪器**：烧杯(250 mL)，温度计(0~100℃)，玻璃棒。

**试剂**：十二烷基苯磺酸钠，聚丙烯酰胺，尿素，甲醛，柠檬香精。

## 四、实验步骤

(1)在 250 mL 烧杯中加入去离子水 50 mL，边搅拌边加入 0.25 g 聚丙烯酰胺，待聚丙烯酰胺分散均匀后加热至约 50℃，保温，搅拌至聚丙烯酰胺完全溶解为止。

(2)分别加入 2.5 g 十二烷基苯磺酸钠和 0.5 g 尿素，加热搅拌至全部溶解，得到的反应液应均匀透明。

(3)冷却至室温，加入甲醛和柠檬香精各 1 滴，搅拌均匀，得到产品。

## 五、思考题

1. 液体洗涤剂的有效成分有哪些？分别起什么作用？
2. 简述洗涤剂的洗涤原理。

实验 27
思考题参考答案

# 第八章 英文实验示例

## Purification of Copper Sulfate

### Objectives

1. To understand the principle and the method of recrystallization for purification.

2. To grasp the operations of filtration in normal pressure and in vacuum, weighing, heating, dissolving, evaporation and crystallization.

3. To learn the effect of the pH value on hydrolysis reactions of metal ions.

4. To learn how to test the $Fe(III)$ ion.

### Principle

Recrystallization is a common technique used to purify chemicals. The principle behind is that the amount of solute that can be dissolved by a solvent increases with temperature. By dissolving both impurities and a compound in an appropriate solvent, either the desired compound or impurities can be coaxed out of solution, leaving the other behind. A filtration process can be used to separate the more pure crystals.

Industrial crude copper sulfate is generally extracted from copper ore. Crude copper sulfate is a mixture of copper sulfate with various impurities that may include insoluble mud and sand, as well as soluble ferrous or ferric sulfate. Insoluble impurities could be removed by direct filtration. Soluble $Fe^{2+}$ can be oxidized to $Fe^{3+}$ by $H_2O_2$. By tailoring the pH value($pH \approx 4$), $Fe^{3+}$ is readily hydrolyzed in aqueous solutions and forms insoluble $Fe(OH)_3$, shown as follow:

$$2Fe^{2+} + H_2O_2 + 2H^+ \longequal 2Fe^{3+} + 2H_2O$$
$$Fe^{3+} + 3H_2O \longequal Fe(OH)_3 + 3H^+$$

Thus, insoluble precipitates can be removed by filtration. Finally, $CuSO_4 \cdot 5H_2O$ could be obtained via evaporation, condensation, crystallization and filtration processes.

118

## Equipment, Chemicals and Materials

**Equipment**: platform balance, spatula, beaker(100 mL), glass rod, graduated cylinder(10 mL, 50 mL), alcohol burner, filter funnel and support, Büchner funnel, suction flask, evaporating dish, crucible tongs, tripod, wire gauze.

**Chemicals**: crude copper sulfate, $H_2O_2$ (3%), $H_2SO_4$ (1 mol $\cdot$ $L^{-1}$), NaOH (0.5 mol $\cdot$ $L^{-1}$), KSCN(0.1 mol $\cdot$ $L^{-1}$).

**Materials**: filter paper, universal pH indicator paper, precise pH indicator paper, weighing paper.

## Experimental Procedure

### 1. Weighing and dissolving

Weigh 5.0 g crude copper sulfate sample and transfer it into a 100 mL beaker. Add 20 mL distilled water and 3 drops of 1 mol $\cdot$ $L^{-1}$ $H_2SO_4$ solution. Place the beaker on a wire gauze and heat it while stirring. Keep heating until the copper sulfate dissolves completely.

### 2. Oxidation and precipitation

Constantly stirring, add 1 mL 3% $H_2O_2$ dropwise to the solution, in order to oxidize $Fe^{2+}$. Add 1 drop of solution on a spot plate by an eye dropper. Then add 1 drop of 0.1 mol $\cdot$ $L^{-1}$ KSCN solution. Observe the appearance of the blood red color(keep the sample for later comparison). Add 0.5 mol $\cdot$ $L^{-1}$ NaOH dropwise to the solution while stirring, till the pH value approaching 4. Heating for another 5 minutes, allow the precipitate $Fe(OH)_3$ to settle.

### 3. Filtration in normal pressure

Set up the funnel for filtering. Slowly pour the mixture down the stirring rod into the funnel. Transfer the filtrate into an evaporating dish. Wash the beaker, stirring rod and the precipitate for several times with distilled water.

### 4. Test for Fe(Ⅲ)ion

Add 1 drop of the filtrate on a spot plate by an eye dropper. Then add 1 drop of 0.1 mol $\cdot$ $L^{-1}$ KSCN solution. Compare the color with that of the sample in procedure 2. Observe the phenomenon and determine if $Fe^{3+}$ precipitates completely.

### 5. Evaporation and concentration

Add 1 mol $\cdot$ $L^{-1}$ $H_2SO_4$ dropwise to the filtrate, in order to tailor the pH close to 1~2. Direct heat the evaporating dish by a alcohol burner till the amount of the residue solution is small. Then place the dish on a wire gauze for constantly heating and stirring. Stop heating when crystal film exists. Allow the solution cool down to room temperature. Observe the formation of $CuSO_4 \cdot 5H_2O$ crystals.

### 6. Filtration in vacuum

Prepare to filter the sample by placing a filter paper in the Büchner funnel. The filter paper should be slightly smaller than inner diameter of Büchner funnel, but able to cover all the size of the porcelain hole of Büchner funnel. Place the filter paper in the funnel with a small amount of water moist, open pumps to make the filter and funnel to close. Pour the mixture into the funnel and open pumps. After filtration, transfer the crystals to another filter paper and dry them by pressing gently between the folds of the filter paper. The solid is weighed for calculating the yield, and sent to recycling.

## Data

| Crude copper sulfate/g | purified copper sulfate/g | Yield/% |
|---|---|---|
| | | |

## Questions

1. Why is it necessary to heat the copper sulfate solution gently? What will happen if heating strongly?

2. Why must the pH value be tailored approaching 4 to remove $Fe^{3+}$? What will happen in this experiment if the pH value is too large or too small?

3. Why should $1 \text{ mol} \cdot L^{-1}$ $H_2SO_4$ be added dropwise into the copper sulfate solution before evaporation?

4. The following oxidizing reagent, $KMnO_4$, $K_2Cr_2O_7$, $Br_2$, $H_2O_2$, which one do you think is appropriate for the oxidation of $Fe^{2+}$ to $Fe^{3+}$?

5. How to test a small amount of $Fe^{3+}$ in $CuSO_4$ solution?

# 参 考 文 献

北京师范大学，东北师范大学，华中师范大学，等，2014. 无机化学实验[M].
　4版. 北京：高等教育出版社.

大连理工大学无机化学教研室，2004. 无机化学实验[M]. 北京：高等教育出
　版社.

贺拥军，赵世永，2007. 普通化学实验[M]. 西安：西北工业大学出版社.

胡忠勤，2009. 基础实验化学教程[M]. 哈尔滨：东北林业大学出版社.

贾临芳，梁丹，2016. 普通化学实验[M]. 北京：中国林业出版社.

柯以侃，王桂花，2010. 大学化学实验[M]. 2版. 北京：化学工业出版社.

李梅，2009. 化学实验与生活[M]. 2版. 北京：化学工业出版社.

李文龙，陈莲惠，2019. 无机化学实验[M]. 武汉：华中科技大学出版社.

李文藻，1988. 无机化学实验[M]. 成都：四川大学出版社.

梁均方，2000. 无机化学实验[M]. 广州：广东高等教育出版社.

廖家耀，2012. 普通化学实验[M]. 北京：科学出版社.

孟祥丽，2008. 现代化学基础实验[M]. 哈尔滨：哈尔滨工业大学出版社.

饶震红，赵士铎，2019. 普通化学实验[M]. 北京：中国农业大学出版社.

孙英，王春娜，2009. 普通化学实验[M]. 2版. 北京：中国农业大学出版社.

吴慧明，徐敏，2010. 基础化学实验（Ⅰ）——无机及分析化学实验[M]. 北京：
　化学工业出版社.

吴江，2005. 大学基础化学实验[M]. 北京：化学工业出版社.

杨勇，2009. 普通化学实验[M]. 上海：同济大学出版社.

殷雪峰，2002. 新编大学化学实验[M]. 北京：高等教育出版社.

张金桐，叶非，2011. 实验化学[M]. 北京：中国农业出版社.

张丽丹，李顺来，张春婷，2020. 新编大学化学实验[M]. 北京：化学工业出
　版社.

中山大学，1981. 无机化学实验[M]. 北京：高等教育出版社.

# 附　录

## 附录1　水的物理性质数据

| 温度/ ℃ | 密度/ ( g·mL$^{-1}$ ) | 黏度/ ( 10$^{-4}$ Pa·s ) | 离子积常数 | 表面张力/ ( mN·m$^{-1}$ ) | 折射率 | 蒸气压/ kPa |
|---|---|---|---|---|---|---|
| 0 | 0.999 9 | 1.787 | 0.11×10$^{-14}$ | 75.64 | 1.333 95 | 0.610 5 |
| 10 | 0.999 7 | 1.307 | 0.30×10$^{-14}$ | 74.22 | 1.333 68 | 1.227 |
| 15 | 0.999 2 | 1.139 | 0.46×10$^{-14}$ | 73.49 | 1.333 37 | 1.705 |
| 20 | 0.998 3 | 1.002 | 0.69×10$^{-14}$ | 72.75 | 1.333 00 | 2.338 |
| 25 | 0.997 1 | 0.890 4 | 1.00×10$^{-14}$ | 71.97 | 1.332 54 | 3.167 |
| 30 | 0.995 8 | 0.797 5 | 1.48×10$^{-14}$ | 71.18 | 1.331 92 | 4.243 |
| 35 | 0.994 1 | 0.719 4 | 2.09×10$^{-14}$ | 70.38 | — | 5.623 |
| 40 | 0.992 2 | 0.652 9 | 2.95×10$^{-14}$ | 69.56 | 1.330 51 | 7.376 |
| 45 | 0.990 3 | 0.596 0 | — | 68.74 | — | 9.579 |
| 50 | 0.988 1 | 0.546 8 | 5.5×10$^{-14}$ | 67.91 | 1.328 94 | 12.334 |
| 55 | 0.985 7 | 0.504 0 | — | — | — | 15.737 |
| 60 | 0.983 2 | 0.466 5 | 9.55×10$^{-14}$ | 66.18 | 1.327 25 | 19.916 |
| 65 | 0.980 6 | 0.433 5 | — | — | — | 25.003 |
| 70 | 0.977 8 | 0.404 2 | 15.8×10$^{-14}$ | 64.4 | — | 31.157 |
| 75 | 0.974 9 | 0.378 1 | — | — | — | 38.544 |
| 80 | — | 0.354 7 | 25.1×10$^{-14}$ | 62.6 | — | 47.343 |
| 85 | — | 0.333 7 | — | — | — | 57.809 |
| 90 | 0.965 323 | 0.314 7 | 38.0×10$^{-14}$ | — | — | 70.096 |

# 附录 2　常见物质的摩尔质量

| 化合物 | 摩尔质量/$(g \cdot mol^{-1})$ | 化合物 | 摩尔质量/$(g \cdot mol^{-1})$ |
|---|---|---|---|
| $Ag_3AsO_4$ | 462.52 | $CaO$ | 56.08 |
| $AgBr$ | 187.77 | $CaCO_3$ | 100.09 |
| $AgCl$ | 143.32 | $CaC_2O_4$ | 128.10 |
| $AgCN$ | 133.89 | $CaCl_2$ | 110.99 |
| $AgSCN$ | 165.95 | $CaCl_2 \cdot 6H_2O$ | 219.08 |
| $AlCl_3$ | 133.34 | $Ca(NO_3)_2 \cdot 4H_2O$ | 236.15 |
| $Ag_2CrO_4$ | 331.73 | $Ca(OH)_2$ | 74.09 |
| $AgI$ | 234.77 | $Ca_3(PO_4)_2$ | 310.18 |
| $AgNO_3$ | 169.87 | $CaSO_4$ | 136.14 |
| $AlCl_3 \cdot 6H_2O$ | 241.43 | $CdCO_3$ | 172.42 |
| $Al(NO_3)_3$ | 213.00 | $CdCl_2$ | 183.82 |
| $Al(NO_3)_3 \cdot 9H_2O$ | 375.13 | $CdS$ | 144.47 |
| $Al_2O_3$ | 101.96 | $Ce(SO_4)_2$ | 332.24 |
| $Al(OH)_3$ | 78.00 | $Ce(SO_4)_2 \cdot 4H_2O$ | 404.30 |
| $Al_2(SO_4)_3$ | 342.14 | $CoCl_2$ | 129.84 |
| $Al_2(SO_4)_3 \cdot 18H_2O$ | 666.41 | $CoCl_2 \cdot 6H_2O$ | 237.93 |
| $As_2O_3$ | 197.84 | $Co(NO_3)_2$ | 182.94 |
| $As_2O_5$ | 229.84 | $Co(NO_3)_2 \cdot 6H_2O$ | 291.03 |
| $As_2S_3$ | 246.03 | $CoS$ | 90.99 |
| $BaCO_3$ | 197.34 | $CoSO_4$ | 154.99 |
| $BaC_2O_4$ | 225.35 | $CoSO_4 \cdot 7H_2O$ | 281.10 |
| $BaCl_2$ | 208.24 | $CO(NH_2)_2$(尿素) | 60.06 |
| $BaCl_2 \cdot 2H_2O$ | 244.27 | $CS(NH_2)_2$(硫脲) | 76.116 |
| $BaCrO_4$ | 253.32 | $C_6H_5OH$ | 94.113 |
| $BaO$ | 153.33 | $CH_2O$ | 30.03 |
| $Ba(OH)_2$ | 171.34 | $C_{14}H_{14}N_3O_3SNa$(甲基橙) | 327.33 |
| $BaSO_4$ | 233.39 | $C_6H_5NO_3$(硝基酚) | 139.11 |
| $BiCl_3$ | 315.34 | $C_4H_8N_2O_2$(丁二酮肟) | 116.12 |
| $BiOCl$ | 260.43 | $(CH_2)_6N_4$(六亚甲基四胺) | 140.19 |
| $CO_2$ | 44.01 | $C_7H_6O_6S \cdot 2H_2O$(磺基水杨酸) | 254.22 |

(续)

| 化合物 | 摩尔质量/(g·mol$^{-1}$) | 化合物 | 摩尔质量/(g·mol$^{-1}$) |
|---|---|---|---|
| $C_9H_6NOH$(8-羟基喹啉) | 145.16 | $FeSO_4 \cdot 7H_2O$ | 278.01 |
| $C_{12}H_8N_2 \cdot H_2O$(邻菲罗啉) | 198.22 | $Fe(NH_4)_2(SO_4)_2 \cdot 6H_2O$ | 392.13 |
| $C_2H_5NO_2$(氨基乙酸、甘氨酸) | 75.07 | $H_3AsO_3$ | 125.94 |
| $C_6H_{12}N_2O_4S_2$(L-胱氨酸) | 240.30 | $H_3A_sO_4$ | 141.94 |
| $CrCl_3$ | 158.36 | $H_3BO_3$ | 61.83 |
| $CrCl_3 \cdot 6H_2O$ | 266.45 | $HBr$ | 80.91 |
| $Cr(NO_3)_3$ | 238.01 | $HCN$ | 27.03 |
| $Cr_2O_3$ | 151.99 | $HCOOH$ | 46.03 |
| $CuCl$ | 99.00 | $CH_3COOH$ | 60.05 |
| $CuCl_2$ | 134.45 | $H_2CO_3$ | 62.02 |
| $CuCl_2 \cdot 2H_2O$ | 170.48 | $H_2C_2O_4$ | 90.04 |
| $CuSCN$ | 121.62 | $H_2C_2O_4 \cdot 2H_2O$ | 126.07 |
| $CuI$ | 190.45 | $H_2C_4H_4O_4$(丁二酸) | 118.09 |
| $Cu(NO_3)_2$ | 187.56 | $H_2C_4H_4O_6$(酒石酸) | 150.09 |
| $CuO$ | 79.54 | $H_3C_6H_5O_7 \cdot H_2O$(柠檬酸) | 210.14 |
| $Cu_2O$ | 143.09 | $H_2C_4H_4O_5$(DL-苹果酸) | 134.09 |
| $CuS$ | 95.61 | $HC_3H_6NO_2$(DL-α-丙氨酸) | 89.10 |
| $CuSO_4$ | 159.06 | $HCl$ | 36.46 |
| $CuSO_4 \cdot 5H_2O$ | 249.68 | $HF$ | 20.01 |
| $FeCl_2$ | 126.75 | $HI$ | 127.91 |
| $FeCl_2 \cdot 4H_2O$ | 198.81 | $HIO_3$ | 175.91 |
| $FeCl_3$ | 162.21 | $HNO_2$ | 47.01 |
| $FeCl_3 \cdot 6H_2O$ | 270.30 | $HNO_3$ | 63.01 |
| $FeNH_4(SO_4)_2 \cdot 12H_2O$ | 482.18 | $H_2O$ | 18.015 |
| $Fe(NO_3)_3$ | 241.86 | $H_2O_2$ | 34.02 |
| $Fe(NO_3)_3 \cdot 9H_2O$ | 404.00 | $H_3PO_4$ | 98.00 |
| $FeO$ | 71.85 | $H_2S$ | 34.08 |
| $Fe_2O_3$ | 159.69 | $H_2SO_3$ | 82.07 |
| $Fe_3O_4$ | 231.54 | $H_2SO_4$ | 98.07 |
| $Fe(OH)_3$ | 106.87 | $Hg(CN)_2$ | 252.63 |
| $FeS$ | 87.91 | $HgCl_2$ | 271.50 |
| $Fe_2S_3$ | 207.87 | $Hg_2Cl_2$ | 472.09 |
| $FeSO_4$ | 151.91 | $HgI_2$ | 454.40 |

（续）

| 化合物 | 摩尔质量/$(g \cdot mol^{-1})$ | 化合物 | 摩尔质量/$(g \cdot mol^{-1})$ |
|---|---|---|---|
| $Hg_2(NO_3)_2$ | 525.19 | $KNO_3$ | 101.10 |
| $Hg_2(NO_3)_2 \cdot 2H_2O$ | 561.22 | $KNO_2$ | 85.10 |
| $Hg(NO_3)_2$ | 324.60 | $K_2O$ | 94.20 |
| $HgO$ | 216.59 | $KOH$ | 56.11 |
| $HgS$ | 232.65 | $K_2SO_4$ | 174.25 |
| $HgSO_4$ | 296.65 | $MgCO_3$ | 84.31 |
| $Hg_2SO_4$ | 497.24 | $MgCl_2$ | 95.21 |
| $KAl(SO_4)_2 \cdot 12H_2O$ | 474.38 | $MgCl_2 \cdot 6H_2O$ | 203.30 |
| $KBr$ | 119.00 | $MgC_2O_4$ | 112.33 |
| $KBrO_3$ | 167.00 | $Mg(NO_3)_2 \cdot 6H_2O$ | 256.41 |
| $KCl$ | 74.55 | $MgNH_4PO_4$ | 137.32 |
| $KClO_3$ | 122.55 | $MgO$ | 40.30 |
| $KClO_4$ | 138.55 | $Mg(OH)_2$ | 58.32 |
| $KCN$ | 65.12 | $Mg_2P_2O_7$ | 222.55 |
| $KSCN$ | 97.18 | $MgSO_4 \cdot 7H_2O$ | 246.47 |
| $K_2CO_3$ | 138.21 | $MnCO_3$ | 114.95 |
| $K_2CrO_4$ | 194.19 | $MnCl_2 \cdot 4H_2O$ | 197.91 |
| $K_2Cr_2O_7$ | 294.18 | $Mn(NO_3)_2 \cdot 6H_2O$ | 287.04 |
| $K_3Fe(CN)_6$ | 329.25 | $MnO$ | 70.94 |
| $K_4Fe(CN)_6$ | 368.35 | $MnO_2$ | 86.94 |
| $KFe(SO_4)_2 \cdot 12H_2O$ | 503.24 | $MnS$ | 87.00 |
| $KHC_2O_4 \cdot H_2O$ | 146.14 | $MnSO_4$ | 151.00 |
| $KHC_2O_4 \cdot H_2C_2O_4 \cdot H_2O$ | 254.19 | $MnSO_4 \cdot 4H_2O$ | 223.06 |
| $KHC_4H_4O_6$（酒石酸氢钾） | 188.18 | $NO$ | 30.01 |
| $KHC_8H_4O_4$（邻苯二甲酸氢钾） | 204.22 | $NO_2$ | 46.01 |
| $KHSO_4$ | 136.16 | $NH_3$ | 17.03 |
| $KI$ | 166.00 | $CH_3COONH_4$ | 77.08 |
| $KIO_3$ | 214.00 | $NH_2OH \cdot HCl$（盐酸羟氨） | 69.49 |
| $KIO_3 \cdot HIO_3$ | 389.91 | $NH_4Cl$ | 53.49 |
| $KMnO_4$ | 158.03 | $(NH_4)_2CO_3$ | 96.09 |
| $KNaC_4H_4O_6 \cdot 4H_2O$ | 282.22 | | |

## 附录3 常见酸碱试剂物质的量浓度、质量分数及密度

| 溶液名称 | 分子式 | 密度/(g·cm$^{-3}$) | 质量分数/% | 物质的量浓度/(mol·L$^{-1}$) |
|---|---|---|---|---|
| 稀硫酸 | $H_2SO_4$ | 1.06 | 9 | 1 |
| 稀硫酸 | $H_2SO_4$ | 1.18 | 25 | 3 |
| 浓硫酸 | $H_2SO_4$ | 1.84 | 98 | 18 |
| 稀盐酸 | HCl | 1.03 | 7 | 2 |
| 稀盐酸 | HCl | 1.1 | 20 | 6 |
| 浓盐酸 | HCl | 1.19 | 38 | 12 |
| 稀硝酸 | $HNO_3$ | 1.07 | 12 | 2 |
| 稀硝酸 | $HNO_3$ | 1.2 | 32 | 6 |
| 浓硝酸 | $HNO_3$ | 1.4 | 65 | 14 |
| 稀磷酸 | $H_3PO_4$ | 1.05 | 9 | 1 |
| 浓磷酸 | $H_3PO_4$ | 1.7 | 85 | 15 |
| 浓氢氟酸 | HF | 1.13 | 40 | 23 |
| 稀高氯酸 | $HClO_4$ | 1.12 | 19 | 2 |
| 氢溴酸 | HBr | 1.38 | 40 | 7 |
| 氢碘酸 | HI | 1.7 | 57 | 7.5 |
| 稀乙酸 | $CH_3COOH$ | 1.02 | 12 | 2 |
| 稀乙酸 | $CH_3COOH$ | 1.04 | 35 | 6 |
| 冰乙酸 | $CH_3COOH$ | 1.05 | 99~100 | 17.5 |
| 稀氢氧化钠 | NaOH | 1.09 | 8 | 2 |
| 浓氢氧化钠 | NaOH | 1.36 | 33 | 11 |
| 稀氨水 | $NH_3·H_2O$ | 0.99 | 3.5 | 2 |
| 浓氨水 | $NH_3·H_2O$ | 0.91 | 25 | 13.5 |

## 附录 4    常见弱酸弱碱的解离平衡常数

| 酸(碱) | 分子式 | 温度/K | 解离平衡常数 $K_a^\ominus$ ($K_b^\ominus$) | $pK_a^\ominus$ ($pK_b^\ominus$) |
|---|---|---|---|---|
| 硼酸 | $H_3BO_3$ | 293 | $7.30 \times 10^{-10}$ | 9.14 |
| 乙酸 | $CH_3COOH$ | 298 | $1.76 \times 10^{-5}$ | 4.75 |
| 磷酸 | $H_3PO_4$ | 298 | ($K_{a1}^\ominus$) $7.52 \times 10^{-3}$ | 2.12 |
| | | 298 | ($K_{a2}^\ominus$) $6.23 \times 10^{-8}$ | 7.21 |
| | | 298 | ($K_{a3}^\ominus$) $2.20 \times 10^{-13}$ | 12.67 |
| 碳酸 | $H_2CO_3$ | 298 | ($K_{a1}^\ominus$) $4.30 \times 10^{-7}$ | 6.37 |
| | | 298 | ($K_{a2}^\ominus$) $5.61 \times 10^{-11}$ | 10.25 |
| 草酸 | $H_2C_2O_4$ | 298 | ($K_{a1}^\ominus$) $5.90 \times 10^{-2}$ | 1.23 |
| | | 298 | ($K_{a2}^\ominus$) $6.40 \times 10^{-5}$ | 4.19 |
| 亚硫酸 | $H_2SO_3$ | 291 | ($K_{a1}^\ominus$) $1.54 \times 10^{-2}$ | 1.81 |
| | | 291 | ($K_{a2}^\ominus$) $1.02 \times 10^{-7}$ | 6.99 |
| 氢硫酸 | $H_2S$ | 291 | ($K_{a1}^\ominus$) $1.3 \times 17^{-7}$ | 6.89 |
| | | 291 | ($K_{a2}^\ominus$) $7.1 \times 10^{-15}$ | 14.15 |
| 氢氰酸 | HCN | 298 | $4.93 \times 10^{-10}$ | 9.31 |
| 次氯酸 | HClO | 291 | $2.95 \times 10^{-8}$ | 7.53 |
| 氢氟酸 | HF | 298 | $3.53 \times 10^{-4}$ | 3.45 |
| 亚硝酸 | $HNO_2$ | 285.5 | $4.6 \times 10^{-4}$ | 3.34 |
| 草酸 | $H_2C_2O_4$ | 298 | ($K_{a1}^\ominus$) $5.4 \times 10^{-2}$ | 1.27 |
| | | 298 | ($K_{a2}^\ominus$) $5.4 \times 10^{-5}$ | 4.27 |
| 氨 | $NH_3$ | 298 | ($K_b^\ominus$) $1.77 \times 10^{-5}$ | ($pK_b^\ominus$) 4.75 |
| 羟氨 | $NH_2OH$ | 298 | ($K_b^\ominus$) $9.1 \times 10^{-9}$ | ($pK_b^\ominus$) 8.04 |

注：摘自 Robert C West, *CRC Handbook of Chemistry and Physics*, 69th ed. (1988—1989)。

# 附录5 常见难溶电解质的溶度积（298 K）

| 化学式 | $K_{sp}^{\ominus}$ | 化学式 | $K_{sp}^{\ominus}$ |
|---|---|---|---|
| $Ag_3AsO_4$ | $1.03\times10^{-22}$ | $CaHPO_4$ | $1.0\times10^{-7}$ |
| $AgBrO_3$ | $5.38\times10^{-5}$ | $CaMoO_4$ | $1.46\times10^{-8}$ |
| $AgBr$ | $5.35\times10^{-13}$ | $Ca(OH)_2$ | $5.5\times10^{-6}$ |
| $Ag_2CO_3$ | $8.46\times10^{-12}$ | $Ca_3(PO_4)_2$ | $2.07\times10^{-29}$ |
| $Ag_2C_2O_4$ | $5.40\times10^{-12}$ | $CaSO_4$ | $4.93\times10^{-5}$ |
| $AgCl$ | $1.77\times10^{-10}$ | $CaSiO_3$ | $2.5\times10^{-8}$ |
| $Ag_2CrO_4$ | $1.12\times10^{-12}$ | $CaWO_4$ | $8.7\times10^{9}$ |
| $AgCN$ | $5.97\times10^{-17}$ | $CdCO_3$ | $1.0\times10^{-12}$ |
| $Ag_2Cr_2O_7$ | $2.0\times10^{-7}$ | $CdC_2O_4 \cdot 3H_2O$ | $1.42\times10^{-8}$ |
| $AgIO_3$ | $3.17\times10^{-8}$ | $CdF_2$ | $6.44\times10^{-3}$ |
| $AgI$ | $8.52\times10^{-17}$ | $Cd_3(PO_4)_2$ | $2.53\times10^{-33}$ |
| $Ag_2MoO_4$ | $2.8\times10^{-12}$ | $CdS$ | $8.0\times10^{-27}$ |
| $AgOH$ | $2.0\times10^{-8}$ | $CeF_3$ | $8\times10^{-16}$ |
| $Ag_3PO_4$ | $8.89\times10^{-17}$ | $Ce(OH)_3$ | $1.6\times10^{-20}$ |
| $Ag_2SO_4$ | $1.20\times10^{-5}$ | $Ce(OH)_4$ | $2\times10^{-48}$ |
| $AgSCN$ | $1.03\times10^{-12}$ | $CePO_4$ | $1\times10^{-23}$ |
| $Al(OH)_3$ | $1.3\times10^{-33}$ | $Ce_2S_3$ | $6.0\times10^{-11}$ |
| $AlPO_4$ | $9.84\times10^{-21}$ | $Co_3(AsO_4)_2$ | $6.80\times10^{-29}$ |
| $Al_2S_3$ | $2\times10^{-7}$ | $CoCO_3$ | $1.4\times10^{-13}$ |
| $As_2S_3$ | $2.1\times10^{-22}$ | $Co(OH)_2(新)$ | $5.92\times10^{-15}$ |
| $Au_2(C_2O_4)_3$ | $1\times10^{-10}$ | $Co(OH)_3$ | $1.6\times10^{-44}$ |
| $AuCl_3$ | $3.2\times10^{-25}$ | $Co_3(PO_4)_2$ | $2.05\times10^{-35}$ |
| $Au(OH)_3$ | $5.5\times10^{-46}$ | $Cr(OH)_3$ | $6.3\times10^{-31}$ |
| $AuI_3$ | $1\times10^{-46}$ | $CuBr$ | $6.27\times10^{-9}$ |
| $BaCO_3$ | $2.58\times10^{-9}$ | $CuCl$ | $1.72\times10^{-7}$ |
| $BaC_2O_4$ | $1.6\times10^{-7}$ | $CuCN$ | $3.47\times10^{-20}$ |
| $BaCrO_4$ | $1.17\times10^{-10}$ | $CuCO_3$ | $1.4\times10^{-10}$ |
| $Ba_3(PO_4)_2$ | $3.4\times10^{-23}$ | $CuCrO_4$ | $3.6\times10^{-6}$ |
| $BaSeO_4$ | $3.40\times10^{-8}$ | $CuI$ | $1.27\times10^{-12}$ |
| $BaSO_4$ | $1.08\times10^{-10}$ | $CuOH$ | $1\times10^{-14}$ |
| $BaSO_3$ | $5.0\times10^{-10}$ | $Cu(OH)_2$ | $2.2\times10^{-20}$ |
| $BaS_2O_3$ | $1.6\times10^{-5}$ | $Cu_3(PO_4)_2$ | $1.40\times10^{-37}$ |
| $Be(OH)_2$ | $6.92\times10^{-22}$ | $Cu_2S$ | $2.5\times10^{-48}$ |
| $BiAsO_4$ | $4.43\times10^{-10}$ | $CuS$ | $6.3\times10^{-36}$ |
| $Bi(OH)_3$ | $6.0\times10^{-31}$ | $FeCO_3$ | $3.13\times10^{-11}$ |
| $BiPO_4$ | $1.3\times10^{-23}$ | $FeC_2O_4 \cdot 2H_2O$ | $3.2\times10^{-7}$ |
| $Bi_2S_3$ | $1\times10^{-97}$ | $Fe(OH)_2$ | $4.87\times10^{-17}$ |
| $CaCO_3$ | $2.8\times10^{-9}$ | $Fe(OH)_3$ | $2.79\times10^{-39}$ |
| $CaC_2O_4 \cdot H_2O$ | $2.32\times10^{-9}$ | $FePO_4 \cdot 2H_2O$ | $9.91\times10^{-16}$ |
| $CaF_2$ | $5.3\times10^{-9}$ | $FeS$ | $6.3\times10^{-18}$ |

(续)

| 化学式 | $K_{sp}^{\ominus}$ | 化学式 | $K_{sp}^{\ominus}$ |
|---|---|---|---|
| $\gamma\text{-NiS}$ | $2.0\times10^{-26}$ | $PbBr_2$ | $6.60\times10^{-6}$ |
| $Hg_2Br_2$ | $6.40\times10^{-23}$ | $PbCl_2$ | $1.70\times10^{-5}$ |
| $HgBr_2$ | $6.20\times10^{-20}$ | $PbCO_3$ | $7.4\times10^{-14}$ |
| $Hg_2Cl_2$ | $1.43\times10^{-18}$ | $PbCrO_4$ | $2.8\times10^{-13}$ |
| $Hg_2CO_3$ | $3.6\times10^{-17}$ | $PbF_2$ | $3.3\times10^{-8}$ |
| $Hg_2(CN)_2$ | $5\times10^{-40}$ | $PbI_2$ | $9.8\times10^{-9}$ |
| $Hg_2CrO_4$ | $2.0\times10^{-9}$ | $PbMoO_4$ | $1.0\times10^{-13}$ |
| $Hg_2I_2$ | $5.2\times10^{-29}$ | $Pb(OH)_2$ | $1.43\times10^{-15}$ |
| $HgI_2$ | $2.9\times10^{-29}$ | $Pb(OH)_4$ | $3.2\times10^{-66}$ |
| $Hg_2(IO_3)_2$ | $3.2\times10^{-13}$ | $Pb_3(PO_4)_3$ | $8.0\times10^{-43}$ |
| $Hg(OH)_2$ | $3.2\times10^{-26}$ | $PbS$ | $8.0\times10^{-28}$ |
| $Hg_2S$ | $1.0\times10^{-47}$ | $PbSO_4$ | $2.53\times10^{-8}$ |
| $HgS(红)$ | $4\times10^{-53}$ | $PbSeO_3$ | $3.2\times10^{-12}$ |
| $HgS(黑)$ | $1.6\times10^{-52}$ | $PbSeO_4$ | $1.37\times10^{-7}$ |
| $Hg_2SO_4$ | $6.5\times10^{-7}$ | $Pd(OH)_2$ | $1.0\times10^{-31}$ |
| $In(OH)_3$ | $6.3\times10^{-34}$ | $Pd(OH)_4$ | $6.3\times10^{-71}$ |
| $In_2S_3$ | $5.7\times10^{-74}$ | $Pt(OH)_2$ | $1\times10^{-35}$ |
| $La(OH)_3$ | $2.0\times10^{-19}$ | $Pu(OH)_3$ | $2.0\times10^{-20}$ |
| $LaPO_4$ | $3.7\times10^{-23}$ | $Pu(OH)_4$ | $1\times10^{-55}$ |
| $Li_2CO_3$ | $2.5\times10^{-2}$ | $ScF_3$ | $5.81\times10^{-24}$ |
| $LiF$ | $1.84\times10^{-3}$ | $Sc(OH)_3$ | $2.22\times10^{-31}$ |
| $Li_3PO_4$ | $2.37\times10^{-11}$ | $Sm(OH)_3$ | $8.3\times10^{-23}$ |
| $Mg_3(AsO_4)_2$ | $2.1\times10^{-20}$ | $Sn(OH)_2$ | $5.45\times10^{-28}$ |
| $MgCO_3$ | $6.82\times10^{-6}$ | $Sn(OH)_4$ | $1\times10^{-56}$ |
| $MgCO_3\cdot3H_2O$ | $2.38\times10^{-6}$ | $SnS$ | $1.0\times10^{-25}$ |
| $Mg(OH)_2$ | $5.61\times10^{-12}$ | $SrCO_3$ | $5.60\times10^{-10}$ |
| $Mg_3(PO_4)_2$ | $1.04\times10^{-24}$ | $SrCrO_4$ | $2.2\times10^{-5}$ |
| $Mn_3(AsO_4)_2$ | $1.9\times10^{-29}$ | $SrF_2$ | $4.33\times10^{-9}$ |
| $MnCO_3$ | $2.34\times10^{-11}$ | $Sr_3(PO_4)_2$ | $4.0\times10^{-28}$ |
| $MnC_2O_4\cdot2H_2O$ | $1.70\times10^{-7}$ | $SrSO_4$ | $3.44\times10^{-7}$ |
| $Mn(IO_3)_2$ | $4.37\times10^{-7}$ | $Ti(OH)_3$ | $1\times10^{-40}$ |
| $Mn(OH)_4$ | $1.9\times10^{-13}$ | $YF_3$ | $8.62\times10^{-21}$ |
| $MnS(am)$ | $2.5\times10^{-10}$ | $Y(OH)_3$ | $1.00\times10^{-22}$ |
| $Ni_3(AsO_4)_2$ | $3.1\times10^{-26}$ | $Zn_3(AsO_4)_2$ | $2.8\times10^{-28}$ |
| $NiCO_3$ | $1.42\times10^{-7}$ | $ZnCO_3$ | $1.46\times10^{-10}$ |
| $NiC_2O_4$ | $4\times10^{-10}$ | $ZnC_2O_4\cdot2H_2O$ | $1.38\times10^{-9}$ |
| $Ni(OH)_2(新)$ | $5.48\times10^{-16}$ | $Zn(OH)_2$ | $3\times10^{-17}$ |
| $Ni_3(PO_4)_2$ | $5.0\times10^{-31}$ | $Zn_3(PO_4)_2$ | $9.0\times10^{-33}$ |
| $\alpha\text{-NiS}$ | $3.2\times10^{-19}$ | $\alpha\text{-ZnS}$ | $1.6\times10^{-24}$ |
| $\beta\text{-NiS}$ | $1.0\times10^{-24}$ | $\beta\text{-ZnS}$ | $2.5\times10^{-22}$ |
| $Pb_3(AsO_4)_2$ | $4.0\times10^{-36}$ | | |

注：摘自 J. A. Dean, *Lange's Handbook of Chemistry*, 15th ed. (1999), 8.6~8.17。

# 附录6 常见配离子的标准稳定常数(298.15 K)

| 配离子 | 标准稳定常数 $K_f^{\ominus}$ | 配离子 | 标准稳定常数 $K_f^{\ominus}$ |
|---|---|---|---|
| $Au(CN)_2^-$ | $2 \times 10^{38}$ | $Cu(S_2O_3)_2^{5-}$ | $6.9 \times 10^{13}$ |
| $Ag(CN)_2^-$ | $1 \times 10^{21}$ | $FeCl_3$ | 98 |
| $Ag(NH_3)_2^+$ | $1.1 \times 10^7$ | $Fe(CN)_6^{4-}$ | $1.0 \times 10^{35}$ |
| $Ag(SCN)_2^-$ | $3.7 \times 10^7$ | $Fe(CN)_6^{3-}$ | $1.0 \times 10^{42}$ |
| $Ag(SCN)_4^{3-}$ | $1.2 \times 10^{10}$ | $Fe(C_2O_4)_3^{3-}$ | $2 \times 10^{20}$ |
| $Ag(S_2O_3)_2^{3-}$ | $2.9 \times 10^{13}$ | $Fe(C_2O_4)_3^{4-}$ | $1.7 \times 10^5$ |
| $Al(C_2O_4)_3^{3-}$ | $2.0 \times 10^{16}$ | $Fe(NCS)^{2+}$ | $2.2 \times 10^3$ |
| $AlF_6^{3-}$ | $6.9 \times 10^{19}$ | $FeF_3$ | $1.13 \times 10^{12}$ |
| $Al(OH)_4^-$ | $1.1 \times 10^{33}$ | $HgCl_4^{2-}$ | $1.2 \times 10^{15}$ |
| $Cd(CN)_4^{2-}$ | $6.0 \times 10^{18}$ | $Hg(CN)_4^{2-}$ | $2.5 \times 10^{41}$ |
| $CdCl_4^{2-}$ | $6.3 \times 10^2$ | $HgI_4^{2-}$ | $6.8 \times 10^{29}$ |
| $Cd(NH_3)_4^{2+}$ | $1.3 \times 10^7$ | $Hg(NH_3)_4^{2+}$ | $1.9 \times 10^{19}$ |
| $Cd(SCN)_4^{2-}$ | $4.0 \times 10^3$ | $Ni(CN)_4^{2-}$ | $2.0 \times 10^{31}$ |
| $Co(NH_3)_6^{2+}$ | $1.3 \times 10^5$ | $Ni(NH_3)_4^{2+}$ | $9.1 \times 10^7$ |
| $Co(NH_3)_6^{3+}$ | $2 \times 10^{35}$ | $Pb(CH_3COO)_4^{2-}$ | $3 \times 10^8$ |
| $Co(NCS)_4^{2-}$ | $1.0 \times 10^3$ | $Pb(CN)_4^{2-}$ | $1.0 \times 10^{11}$ |
| $Cu(CN)_2^-$ | $1.0 \times 10^{24}$ | $Pb(OH)_3^-$ | $3.8 \times 10^{14}$ |
| $Cu(OH)_4^{2-}$ | $3 \times 10^{18}$ | $Zn(CN)_4^{2-}$ | $5 \times 10^{16}$ |
| $Cu(CN)_4^{3-}$ | $2.0 \times 10^{30}$ | $Zn(C_2O_4)_2^{2-}$ | $4.0 \times 10^7$ |
| $Cu(NH_3)_2^+$ | $7.2 \times 10^{10}$ | $Zn(OH)_4^{2-}$ | $4.6 \times 10^{17}$ |
| $Cu(NH_3)_4^{2+}$ | $2.1 \times 10^{13}$ | $Zn(NH_3)_4^{2+}$ | $2.9 \times 10^9$ |

注:摘自 J. A. Dean, *Lange's Handbook of Chemistry*, 15th ed. (1999), 8.8~8.10。

# 附录 7　标准电极电势(298.15 K)

| 电极反应过程 | $E^{\ominus}/V$ |
|---|---|
| $Ag^+ + e^- = Ag$ | 0.799 6 |
| $AgBr + e^- = Ag + Br^-$ | 0.071 3 |
| $AgCl + e^- = Ag + Cl^-$ | 0.222 |
| $Ag_2CrO_4 + 2e^- = 2Ag + CrO_4^{2-}$ | 0.447 |
| $AgI + e^- = Ag + I^-$ | $-0.152$ |
| $[Ag(NH_3)_2]^+ + e^- = Ag + 2NH_3$ | 0.373 |
| $Al_3 + 3e^- = Al$ | $-1.662$ |
| $AlF_6^{3-} + 3e^- = Al + 6F^-$ | $-2.069$ |
| $Al(OH)_3 + 3e^- = Al + 3OH^-$ | $-2.31$ |
| $AlO_2^- + 2H_2O + 3e^- = Al + 4OH^-$ | $-2.35$ |
| $As + 3H^+ + 3e^- = AsH_3$ | $-0.608$ |
| $HAsO_2 + 3H^+ + 3e^- = As + 2H_2O$ | 0.248 |
| $H_3AsO_4 + 2H^+ + 2e^- = HAsO_2 + 2H_2O$ | 0.56 |
| $BF_4^- + 3e^- = B + 4F^-$ | $-1.04$ |
| $H_2BO_3^- + H_2O + 3e^- = B + 4OH^-$ | $-1.79$ |
| $B(OH)_3 + 7H^+ + 8e^- = BH_4^- + 3H_2O$ | $-0.048\ 1$ |
| $Ba^{2+} + 2e^- = Ba$ | $-2.912$ |
| $Ba(OH)_2 + 2e^- = Ba + 2OH^-$ | $-2.99$ |
| $Be^{2+} + 2e^- = Be$ | $-1.847$ |
| $Bi^+ + e^- = Bi$ | 0.5 |
| $Bi^{3+} + 3e^- = Bi$ | 0.308 |
| $Br_2(水溶液,\ aq) + 2e^- = 2Br^-$ | 1.087 |
| $Br_2(液体) + 2e^- = 2Br^-$ | 1.066 |
| $BrO^- + H_2O + 2e^- = Br^- + 2OH$ | 0.761 |
| $BrO_3^- + 6H^+ + 6e^- = Br^- + 3H_2O$ | 1.423 |
| $BrO_3^- + 3H_2O + 6e^- = Br^- + 6OH^-$ | 0.61 |
| $2BrO_3^- + 12H^+ + 10e^- = Br_2 + 6H_2O$ | 1.482 |
| $HBrO + H^+ + 2e^- = Br^- + H_2O$ | 1.331 |
| $2HBrO + 2H^+ + 2e^- = Br_2(水溶液,\ aq) + 2H_2O$ | 1.574 |
| $Ca^{2+} + 2e^- = Ca$ | $-2.868$ |
| $Ca(OH)_2 + 2e^- = Ca + 2OH^-$ | $-3.02$ |
| $Cd^{2+} + 2e^- = Cd$ | $-0.403$ |
| $Cd^{2+} + 2e^- = Cd(Hg)$ | $-0.352$ |
| $Cd(CN)_4^{2-} + 2e^- = Cd + 4CN^-$ | $-1.09$ |
| $CdO + H_2O + 2e^- = Cd + 2OH^-$ | $-0.783$ |
| $CdS + 2e^- = Cd + S^{2-}$ | $-1.17$ |

（续）

| 电极反应过程 | $E^{\ominus}/V$ |
|---|---|
| $Ce^{3+}+3e^-\Longrightarrow Ce$ | $-2.336$ |
| $CeO_2+4H^++e^-\Longrightarrow Ce^{3+}+2H_2O$ | $1.4$ |
| $Cl_2(气体)+2e^-\Longrightarrow 2Cl^-$ | $1.358$ |
| $ClO^-+H_2O+2e^-\Longrightarrow Cl^-+2OH^-$ | $0.89$ |
| $HClO+H^++2e^-\Longrightarrow Cl^-+H_2O$ | $1.482$ |
| $2HClO+2H^++2e^-\Longrightarrow Cl_2+2H_2O$ | $1.611$ |
| $ClO_2^-+2H_2O+4e^-\Longrightarrow Cl^-+4OH^-$ | $0.76$ |
| $2ClO_3^-+12H^++10e^-\Longrightarrow Cl_2+6H_2O$ | $1.47$ |
| $ClO_3^-+6H^++6e^-\Longrightarrow Cl^-+3H_2O$ | $1.451$ |
| $ClO_3^-+3H_2O+6e^-\Longrightarrow Cl^-+6OH^-$ | $0.62$ |
| $ClO_4^-+8H^++8e^-\Longrightarrow Cl^-+4H_2O$ | $1.38$ |
| $2ClO_4^-+16H^++14e^-\Longrightarrow Cl_2+8H_2O$ | $1.39$ |
| $Co^{2+}+2e^-\Longrightarrow Co$ | $-0.28$ |
| $[Co(NH_3)_6]^{3+}+e^-\Longrightarrow [Co(NH_3)_6]^{2+}$ | $0.108$ |
| $[Co(NH_3)_6]^{2+}+2e^-\Longrightarrow Co+6NH_3$ | $-0.43$ |
| $Co(OH)_2+2e^-\Longrightarrow Co+2OH^-$ | $-0.73$ |
| $Co(OH)_3+e^-\Longrightarrow Co(OH)_2+OH^-$ | $0.17$ |
| $Cr^{3+}+3e^-\Longrightarrow Cr$ | $(-0.744)$ |
| $[Cr(CN)_6]^{3-}+e^-\Longrightarrow [Cr(CN)_6]^{4-}$ | $-1.28$ |
| $Cr(OH)_3+3e^-\Longrightarrow Cr+3OH^-$ | $-1.48$ |
| $Cr_2O_7^{2-}+14H^++6e^-\Longrightarrow 2Cr^{3+}+7H_2O$ | $(1.33)$ |
| $CrO_4^{2-}+2H_2O+3e^-\Longrightarrow CrO_2^-+4OH^-$ | $(-0.12)$ |
| $Cs^++e^-\Longrightarrow Cs$ | $-2.92$ |
| $Cu^++e^-\Longrightarrow Cu$ | $0.521$ |
| $Cu^{2+}+2e^-\Longrightarrow Cu$ | $0.342$ |
| $Cu^{2+}+Br^-+e^-\Longrightarrow CuBr$ | $0.66$ |
| $Cu^{2+}+Cl^-+e^-\Longrightarrow CuCl$ | $0.57$ |
| $Cu^{2+}+I^-+e^-\Longrightarrow CuI$ | $0.86$ |
| $Cu^{2+}+2CN^-+e^-\Longrightarrow [Cu(CN)_2]^-$ | $1.103$ |
| $CuBr_2^-+e^-\Longrightarrow Cu+2Br^-$ | $0.05$ |
| $CuCl_2^-+e^-\Longrightarrow Cu+2Cl^-$ | $0.19$ |
| $CuI_2^-+e^-\Longrightarrow Cu+2I^-$ | $0$ |
| $Cu_2O+H_2O+2e^-\Longrightarrow 2Cu+2OH^-$ | $-0.36$ |
| $Cu(OH)_2+2e^-\Longrightarrow Cu+2OH^-$ | $-0.222$ |
| $2Cu(OH)_2+2e^-\Longrightarrow Cu_2O+2OH^-+H_2O$ | $-0.08$ |
| $CuS+2e^-\Longrightarrow Cu+S^{2-}$ | $-0.7$ |
| $CuSCN+e^-\Longrightarrow Cu+SCN^-$ | $-0.27$ |
| $F_2+2H^++2e^-\Longrightarrow 2HF$ | $3.053$ |
| $F_2O+2H^++4e^-\Longrightarrow H_2O+2F^-$ | $2.153$ |
| $Fe^{2+}+2e^-\Longrightarrow Fe$ | $-0.447$ |

（续）

| 电极反应过程 | $E^{\ominus}/V$ |
|---|---|
| $Fe^{3+}+3e^-\Longrightarrow Fe$ | $-0.037$ |
| $[Fe(CN)_6]^{3-}+e^-\Longrightarrow [Fe(CN)_6]^{4-}$ | $0.358$ |
| $[Fe(CN)_6]^{4-}+2e^-\Longrightarrow Fe+6CN^-$ | $-1.5$ |
| $FeF_6^{3-}+e^-\Longrightarrow Fe^{2+}+6F^-$ | $0.4$ |
| $Fe(OH)_2+2e^-\Longrightarrow Fe+2OH^-$ | $-0.877$ |
| $Fe(OH)_3+e^-\Longrightarrow Fe(OH)_2+OH^-$ | $-0.56$ |
| $Fe_3O_4+8H^++2e^-\Longrightarrow 3Fe^{2+}+4H_2O$ | $1.23$ |
| $Ga^{3+}+3e^-\Longrightarrow Ga$ | $-0.549$ |
| $H_2GaO_3^-+H_2O+3e^-\Longrightarrow Ga+4OH^-$ | $-1.29$ |
| $Gd^{3+}+3e^-\Longrightarrow Gd$ | $-2.279$ |
| $Ge^{2+}+2e^-\Longrightarrow Ge$ | $0.24$ |
| $Ge^{4+}+2e^-\Longrightarrow Ge^{2+}$ | $0$ |
| $2H^++2e^-\Longrightarrow H_2$ | $0$ |
| $H_2+2e^-\Longrightarrow 2H^-$ | $-2.25$ |
| $2H_2O+2e^-\Longrightarrow H_2+2OH^-$ | $-0.827\,7$ |
| $Hg^{2+}+2e^-\Longrightarrow Hg$ | $0.851$ |
| $Hg_2^{2+}+2e^-\Longrightarrow 2Hg$ | $0.797$ |
| $2Hg^{2+}+2e^-\Longrightarrow Hg_2^{2+}$ | $0.92$ |
| $Hg_2Br_2+2e^-\Longrightarrow 2Hg+2Br^-$ | $0.139\,2$ |
| $HgBr_4^{2-}+2e^-\Longrightarrow Hg+4Br^-$ | $0.21$ |
| $Hg_2Cl_2+2e^-\Longrightarrow 2Hg+2Cl^-$ | $0.268\,1$ |
| $2HgCl_2+2e^-\Longrightarrow Hg_2Cl_2+2Cl^-$ | $0.63$ |
| $Hg_2I_2+2e^-\Longrightarrow 2Hg+2I^-$ | $-0.040\,5$ |
| $I_2+2e^-\Longrightarrow 2I^-$ | $0.535\,5$ |
| $I_3^-+2e^-\Longrightarrow 3I^-$ | $0.536$ |
| $2HIO+2H^++2e^-\Longrightarrow I_2+2H_2O$ | $1.439$ |
| $HIO+H^++2e^-\Longrightarrow I^-+H_2O$ | $0.987$ |
| $IO^-+H_2O+2e^-\Longrightarrow I^-+2OH^-$ | $0.485$ |
| $2IO_3^-+12H^++10e^-\Longrightarrow I_2+6H_2O$ | $1.195$ |
| $IO_3^-+6H^++6e^-\Longrightarrow I^-+3H_2O$ | $1.085$ |
| $IO_3^-+2H_2O+4e^-\Longrightarrow IO^-+4OH^-$ | $0.15$ |
| $IO_3^-+3H_2O+6e^-\Longrightarrow I^-+6OH^-$ | $0.26$ |
| $2IO_3^-+6H_2O+10e^-\Longrightarrow I_2+12OH^-$ | $0.21$ |
| $H_5IO_6+H^++2e^-\Longrightarrow IO_3^-+3H_2O$ | $(1.601)$ |
| $K^++e^-\Longrightarrow K$ | $-2.931$ |
| $Li^++e^-\Longrightarrow Li$ | $-3.04$ |
| $Mg^{2+}+2e^-\Longrightarrow Mg$ | $-2.372$ |
| $Mg(OH)_2+2e^-\Longrightarrow Mg+2OH^-$ | $-2.69$ |
| $Mn^{2+}+2e^-\Longrightarrow Mn$ | $-1.185$ |
| $Mn^{3+}+e^-\Longrightarrow Mn^{2+}$ | $(1.51)$ |

（续）

| 电极反应过程 | $E^{\ominus}/V$ |
|---|---|
| $Mn^{3+}+3e^-\rightleftharpoons Mn$ | 1.542 |
| $MnO_2+4H^++2e^-\rightleftharpoons Mn^{2+}+2H_2O$ | 1.224 |
| $MnO_4^-+4H^++3e^-\rightleftharpoons MnO_2+2H_2O$ | 1.679 |
| $MnO_4^-+8H^++5e^-\rightleftharpoons Mn^{2+}+4H_2O$ | 1.507 |
| $MnO_4^-+2H_2O+3e^-\rightleftharpoons MnO_2+4OH^-$ | 0.595 |
| $Mn(OH)_2+2e^-\rightleftharpoons Mn+2OH^-$ | $-1.56$ |
| $Mo^{3+}+3e^-\rightleftharpoons Mo$ | $-0.2$ |
| $MoO_4^{2-}+4H_2O+6e^-\rightleftharpoons Mo+8OH^-$ | $-1.05$ |
| $N_2+2H_2O+6H^++6e^-\rightleftharpoons 2NH_4OH$ | 0.092 |
| $2NH_3OH^++H^++2e^-\rightleftharpoons N_2H_5^++2H_2O$ | 1.42 |
| $2NO+H_2O+2e^-\rightleftharpoons N_2O+2OH^-$ | 0.76 |
| $2HNO_2+4H^++4e^-\rightleftharpoons N_2O+3H_2O$ | 1.297 |
| $NO_3^-+3H^++2e^-\rightleftharpoons HNO_2+H_2O$ | 0.934 |
| $NO_3^-+H_2O+2e^-\rightleftharpoons NO_2^-+2OH^-$ | 0.01 |
| $2NO_3^-+2H_2O+2e^-\rightleftharpoons N_2O_4+4OH^-$ | $-0.85$ |
| $Na^++e^-\rightleftharpoons Na$ | $-2.713$ |
| $Ni^{2+}+2e^-\rightleftharpoons Ni$ | $-0.257$ |
| $NiCO_3+2e^-\rightleftharpoons Ni+CO_3^{2-}$ | $-0.45$ |
| $Ni(OH)_2+2e^-\rightleftharpoons Ni+2OH^-$ | $-0.72$ |
| $NiO_2+4H^++2e^-\rightleftharpoons Ni^{2+}+2H_2O$ | 1.678 |
| $O_2+4H^++4e^-\rightleftharpoons 2H_2O$ | 1.229 |
| $O_2+2H_2O+4e^-\rightleftharpoons 4OH^-$ | 0.401 |
| $O_3+H_2O+2e^-\rightleftharpoons O_2+2OH^-$ | 1.24 |
| $P+3H_2O+3e^-\rightleftharpoons PH_3(g)+3OH^-$ | $-0.87$ |
| $H_2PO_2^-+e^-\rightleftharpoons P+2OH^-$ | $-1.82$ |
| $H_3PO_3+2H^++2e^-\rightleftharpoons H_3PO_2+H_2O$ | $-0.499$ |
| $H_3PO_3+3H^++3e^-\rightleftharpoons P+3H_2O$ | $-0.454$ |
| $H_3PO_4+2H^++2e^-\rightleftharpoons H_3PO_3+H_2O$ | $-0.276$ |
| $PO_4^{3-}+2H_2O+2e^-\rightleftharpoons HPO_3^{2-}+3OH^-$ | $-1.05$ |
| $Pb^{2+}+2e^-\rightleftharpoons Pb$ | $-0.126$ |
| $PbO_2+4H^++2e^-\rightleftharpoons Pb^2+2H_2O$ | 1.455 |
| $PbO_2+SO_4^{2-}+4H^++2e^-\rightleftharpoons PbSO_4+2H_2O$ | 1.691 |
| $PbSO_4+2e^-\rightleftharpoons Pb+SO_4^{2-}$ | $-0.359$ |
| $Pd^{2+}+2e^-\rightleftharpoons Pd$ | 0.915 |
| $PdBr_4^{2-}+2e^-\rightleftharpoons Pd+4Br^-$ | 0.6 |
| $PdO_2+H_2O+2e^-\rightleftharpoons PdO+2OH^-$ | 0.73 |
| $Pd(OH)_2+2e^-\rightleftharpoons Pd+2OH^-$ | 0.07 |
| $Pt^{2+}+2e^-\rightleftharpoons Pt$ | 1.18 |
| $[PtCl_6]^{2-}+2e^-\rightleftharpoons [PtCl_4]^{2-}+2Cl^-$ | 0.68 |
| $PtO_2+4H^++4e^-\rightleftharpoons Pt+2H_2O$ | 1 |

（续）

| 电极反应过程 | $E^{\ominus}/V$ |
|---|---|
| $Rb^+ + e^- \rightleftharpoons Rb$ | −2.98 |
| $Re^{3+} + 3e^- \rightleftharpoons Re$ | 0.3 |
| $ReO_2 + 4H^+ + 4e^- \rightleftharpoons Re + 2H_2O$ | 0.251 |
| $ReO_4^- + 4H^+ + 3e^- \rightleftharpoons ReO_2 + 2H_2O$ | 0.51 |
| $ReO_4^- + 4H_2O + 7e^- \rightleftharpoons Re + 8OH^-$ | −0.584 |
| $S + 2e^- \rightleftharpoons S^{2-}$ | −0.476 |
| $S + 2H^+ + 2e^- \rightleftharpoons H_2S$(水溶液，aq) | 0.142 |
| $S_2O_6^{2-} + 4H^+ + 2e^- \rightleftharpoons 2H_2SO_3$ | 0.564 |
| $2SO_3^{2-} + 3H_2O + 4e^- \rightleftharpoons S_2O_3^{2-} + 6OH^-$ | −0.571 |
| $2SO_3^{2-} + 2H_2O + 2e^- \rightleftharpoons S_2O_4^{2-} + 4OH^-$ | −1.12 |
| $SO_4^{2-} + H_2O + 2e^- \rightleftharpoons SO_3^{2-} + 2OH^-$ | −0.93 |
| $Sb + 3H^+ + 3e^- \rightleftharpoons SbH_3$ | −0.51 |
| $Sb_2O_3 + 6H^+ + 6e^- \rightleftharpoons 2Sb + 3H_2O$ | 0.152 |
| $Sb_2O_5 + 6H^+ + 4e^- \rightleftharpoons 2SbO^+ + 3H_2O$ | 0.581 |
| $SbO_3^- + H_2O + 2e^- \rightleftharpoons SbO_2^- + 2OH^-$ | −0.59 |
| $Sc^{3+} + 3e^- \rightleftharpoons Sc$ | −2.077 |
| $Sc(OH)_3 + 3e^- \rightleftharpoons Sc + 3OH^-$ | −2.6 |
| $Se + 2e^- \rightleftharpoons Se^{2-}$ | −0.924 |
| $Se + 2H^+ + 2e^- \rightleftharpoons H_2Se$(水溶液，aq) | −0.399 |
| $H_2SeO_3 + 4H^+ + 4e^- \rightleftharpoons Se + 3H_2O$ | −0.74 |
| $SeO_3^{2-} + 3H_2O + 4e^- \rightleftharpoons Se + 6OH^-$ | −0.366 |
| $SeO_4^{2-} + H_2O + 2e^- \rightleftharpoons SeO_3^{2-} + 2OH^-$ | 0.05 |
| $Si + 4H^+ + 4e^- \rightleftharpoons SiH_4$(气体) | 0.102 |
| $Si + 4H_2O + 4e^- \rightleftharpoons SiH_4 + 4OH^-$ | −0.73 |
| $SiF_6^{2-} + 4e^- \rightleftharpoons Si + 6F^-$ | −1.24 |
| $SiO_2 + 4H^+ + 4e^- \rightleftharpoons Si + 2H_2O$ | −0.857 |
| $SiO_3^{2-} + 3H_2O + 4e^- \rightleftharpoons Si + 6OH^-$ | −1.697 |
| $Sn^{2+} + 2e^- \rightleftharpoons Sn$ | −0.138 |
| $Sn^{4+} + 2e^- \rightleftharpoons Sn^{2+}$ | 0.151 |
| $SnCl_4^{2-} + 2e^- \rightleftharpoons Sn + 4Cl^-$（1 mol·L$^{-1}$ HCl） | −0.19 |
| $SnF_6^{2-} + 4e^- \rightleftharpoons Sn + 6F^-$ | −0.25 |
| $Sn(OH)_3^- + 3H^+ + 2e^- \rightleftharpoons Sn^{2+} + 3H_2O$ | 0.142 |
| $SnO_2 + 4H^+ + 4e^- \rightleftharpoons Sn + 2H_2O$ | −0.117 |
| $Sn(OH)_6^{2-} + 2e^- \rightleftharpoons HSnO_2^- + 3OH^- + H_2O$ | −0.93 |
| $Sr^{2+} + 2e^- \rightleftharpoons Sr$ | −2.899 |
| $Sr^{2+} + 2e^- \rightleftharpoons Sr(Hg)$ | −1.793 |
| $Sr(OH)_2 + 2e^- \rightleftharpoons Sr + 2OH^-$ | −2.88 |
| $Ti^{2+} + 2e^- \rightleftharpoons Ti$ | −1.63 |
| $Ti^{3+} + 3e^- \rightleftharpoons Ti$ | −1.37 |
| $TiO_2 + 4H^+ + 2e^- \rightleftharpoons Ti^{2+} + 2H_2O$ | −0.502 |

（续）

| 电极反应过程 | $E^{\ominus}/\text{V}$ |
|---|---|
| $TiO^{2+}+2H^{+}+e^{-} \rightleftharpoons Ti^{3+}+H_2O$ | 0.1 |
| $V^{2+}+2e^{-} \rightleftharpoons V$ | $-1.175$ |
| $VO^{2+}+2H^{+}+e^{-} \rightleftharpoons V^{3+}+H_2O$ | 0.337 |
| $VO_2^{+}+2H^{+}+e^{-} \rightleftharpoons VO^{2+}+H_2O$ | 0.991 |
| $VO_2^{+}+4H^{+}+2e^{-} \rightleftharpoons V^{3+}+2H_2O$ | 0.668 |
| $V_2O_5+10H^{+}+10e^{-} \rightleftharpoons 2V+5H_2O$ | $-0.242$ |
| $W^{3+}+3e^{-} \rightleftharpoons W$ | 0.1 |
| $WO_3+6H^{+}+6e^{-} \rightleftharpoons W+3H_2O$ | $-0.09$ |
| $W_2O_5+2H^{+}+2e^{-} \rightleftharpoons 2WO_2+H_2O$ | $-0.031$ |
| $Zn^{2+}+2e^{-} \rightleftharpoons Zn$ | $-0.7618$ |
| $Zn^{2+}+2e^{-} \rightleftharpoons Zn(Hg)$ | $-0.7628$ |
| $Zn(OH)_2+2e^{-} \rightleftharpoons Zn+2OH^{-}$ | $-1.249$ |
| $ZnS+2e^{-} \rightleftharpoons Zn+S^{2-}$ | $-1.4$ |
| $ZnSO_4+2e^{-} \rightleftharpoons Zn(Hg)+SO_4^{2-}$ | $-0.799$ |

注：本数据是按《NBS 化学热力学性质表》(刘天和，赵梦月，1998)中的数据计算得来的。

（ ）中的数据摘自 David R. Lide, *Handbook of Chemistry and Physics*，78th ed. (1997—1998)。

## 附录8　常见离子及化合物的颜色

| 离子及化合物 | 颜色 | 离子及化合物 | 颜色 | 离子及化合物 | 颜色 |
|---|---|---|---|---|---|
| $AgBr$ | 淡黄色 | $Bi(OH)CO_3$ | 白色 | $[Cr(H_2O)_6]^{3+}$ | 蓝紫色 |
| $AgCl$ | 白色 | $Bi_2S_3$ | 黑色 | $CrO_2^-$ | 绿色 |
| $AgCN$ | 白色 | $CaCO_3$ | 白色 | $CrO_4^{2-}$ | 黄色 |
| $Ag_2CO_3$ | 白色 | $CaHPO_4$ | 白色 | $Cr_2O_7^{2-}$ | 橙色 |
| $Ag_2C_2O_4$ | 白色 | $CaO$ | 白色 | $Cr_2O_3$ | 绿色 |
| $Ag_2CrO_4$ | 砖红色 | $Ca(OH)_2$ | 白色 | $CrO_3$ | 红色 |
| $Ag_3[Fe(CN)_6]$ | 橙色 | $Ca_3(PO_4)_2$ | 白色 | $Cr(OH)_3$ | 灰绿色 |
| $Ag_4[Fe(CN)_6]$ | 白色 | $CaSO_4$ | 白色 | $Cr_2(SO_4)_3 \cdot 6H_2O$ | 绿色 |
| $AgI$ | 黄色 | $CaSO_3$ | 白色 | $Cr_2(SO_4)_3$ | 桃红色 |
| $Ag_2O$ | 褐色 | $CdCO_3$ | 白色 | $Cr_2(SO_4)_3 \cdot 18H_2O$ | 紫色 |
| $Ag_3PO_4$ | 黄色 | $CdO$ | 棕灰色 | $CuCl$ | 白色 |
| $AgSCN$ | 白色 | $Cd(OH)_2$ | 白色 | $[CuCl_2]^-$ | 白色 |
| $Ag_2S_2O_3$ | 白色 | $CdS$ | 黄色 | $[CuCl_4]^{2-}$ | 黄色 |
| $Ag_2S$ | 黑色 | $CoCl_2 \cdot 2H_2O$ | 紫红色 | $Cu_2[Fe(CN)_6]$ | 红棕色 |
| $Ag_2SO_4$ | 白色 | $CoCl_2 \cdot 6H_2O$ | 粉红色 | $[Cu(H_2O)_4]^{2+}$ | 蓝色 |
| $Al(OH)_3$ | 白色 | $[Co(H_2O)_6]^{2+}$ | 粉红色 | $CuI$ | 白色 |
| $BaCO_3$ | 白色 | $[Co(NH_3)_6]^{2+}$ | 黄色 | $CuO$ | 黑色 |
| $BaC_2O_4$ | 白色 | $[Co(NH_3)_6]^{3+}$ | 橙红色 | $Cu_2O$ | 暗红色 |
| $BaCrO_4$ | 黄色 | $CoO$ | 灰绿色 | $Cu(OH)_2$ | 浅蓝色 |
| $Ba_3(PO_4)_2$ | 白色 | $Co_2O_3$ | 黑色 | $CuOH$ | 黄色 |
| $BaSO_4$ | 白色 | $Co(OH)_2$ | 粉红色 | $CuS$ | 黑色 |
| $BaSO_3$ | 白色 | $Co(OH)Cl$ | 蓝色 | $CuSO_4 \cdot 5H_2O$ | 蓝色 |
| $BaS_2O_3$ | 白色 | $Co(OH)_3$ | 褐棕色 | $Cu_2(OH)_2SO_4$ | 淡蓝色 |
| $BiI_3$ | 白色 | $CoS$ | 黑色 | $Cu_2(OH)_2CO_3$ | 蓝色 |
| $BiOCl$ | 白色 | $CoSO_4 \cdot 7H_2O$ | 红色 | $Cu(SCN)_2$ | 墨绿色 |
| $Bi_2O_3$ | 黄色 | $CoSiO_3$ | 紫色 | $[Fe(CN)_6]^{4-}$ | 黄色 |
| $Bi(OH)_3$ | 黄色 | $CrCl_3 \cdot 6H_2O$ | 绿色 | $[Fe(CN)_6]^{3-}$ | 红棕色 |
| $BiO(OH)$ | 灰黄色 | $[Cr(H_2O)_6]^{2+}$ | 天蓝色 | $FeC_2O_4$ | 浅黄色 |
| $Fe_3[Fe(CN)_6]_2$ | 蓝色 | $MnO_4^-$ | 紫红色 | $PbS$ | 黑色 |
| $Fe_4[Fe(CN)_6]_3$ | 蓝色 | $MnO_2$ | 棕色 | $PbSO_4$ | 白色 |
| $[Fe(H_2O)_6]^{2+}$ | 浅绿色 | $Mn(OH)_2$ | 白色 | $SbI_3$ | 黄色 |
| $[Fe(H_2O)_6]^{3+}$ | 浅紫色 | $MnS$ | 肉色 | $Sb_2O_3$ | 白色 |

(续)

| 离子及化合物 | 颜色 | 离子及化合物 | 颜色 | 离子及化合物 | 颜色 |
|---|---|---|---|---|---|
| $[Fe(NCS)_n]^{3-n}$ | 血红色 | $MnSiO_3$ | 肉色 | $Sb_2O_5$ | 浅黄色 |
| $FeO$ | 黑色 | $NaAc \cdot Zn(Ac)_2 \cdot 3UO_2(Ac)_2 \cdot 9H_2O$ | 黄色 | $Sb(OH)_3$ | 白色 |
| $Fe_2O_3$ | 砖红色 | $Na_3[Fe(CN)_5NO] \cdot 2H_2O$ | 红色 | $SbOCl$ | 白色 |
| $Fe(OH)_2$ | 白色 | $(NH_4)_3PO_4 \cdot 12MoO_3 \cdot 6H_2O$ | 黄色 | $Sn(OH)Cl$ | 白色 |
| $Fe(OH)_3$ | 红棕色 | $(NH_4)_2Na[Co(NO_2)_6]$ | 黄色 | $Sn(OH)_4$ | 白色 |
| $Fe_2(SiO_3)_3$ | 棕红色 | $Ni(CN)_2$ | 浅棕色 | $SnS$ | 棕色 |
| $Hg_2Cl_2$ | 白黄色 | $[Ni(H_2O)_6]^{2+}$ | 亮绿色 | $SnS_2$ | 黄色 |
| $Hg_2I_2$ | 黄色 | $[Ni(NH_3)_6]^{2+}$ | 蓝色 | $TiCl_3 \cdot 6H_2O$ | 紫或绿 |
| $HgO$ | 红(黄)色 | $NiO$ | 暗绿色 | $[Ti(H_2O)_6]$ | 紫色 |
| $HgO \cdot HgNH_2I$ | 红棕色 | $Ni(OH)_2$ | 浅绿色 | $TiO_2^{2+}$ | 橙红色 |
| $Hg_2(OH)_2CO_3$ | 红褐色 | $Ni(OH)_3$ | 黑色 | $[V(H_2O)_6]^{3+}$ | 绿色 |
| $HgS$ | 黑色 | $NiS$ | 黑色 | $VO^{2+}$ | 蓝色 |
| $Hg_2SO_4$ | 白色 | $Na[Sb(OH)_6]$ | 白色 | $VO_2^+$ | 黄色 |
| $I_2$ | 紫色 | $PbBr_2$ | 白色 | $V_2O_5$ | 红棕色 |
| $I_3^-$ | 黄色 | $PbCl_2$ | 白色 | $ZnC_2O_4$ | 白色 |
| $K_3[Co(NO_2)_6]$ | 黄色 | $PbC_2O_4$ | 白色 | $Zn_2[Fe(CN)_6]$ | 白色 |
| $K_3Na[Co(NO_2)_6]$ | 黄色 | $PbCO_3$ | 白色 | $Zn_3[Fe(CN)_6]_2$ | 黄褐色 |
| $MgCO_3$ | 白色 | $PbCrO_4$ | 黄色 | $ZnO$ | 白色 |
| $MgNH_4PO_4$ | 白色 | $PbI_2$ | 黄色 | $Zn(OH)_2$ | 白色 |
| $Mg(OH)_2$ | 白色 | $PbO_2$ | 棕褐色 | $Zn_2(OH)_2CO_3$ | 白色 |
| $[Mg(H_2O)_6]^{2+}$ | 浅红色 | $Pb_2O_4$ | 红色 | $ZnS$ | 白色 |
| $MnO_4^{2-}$ | 绿色 | $Pb(OH)_2$ | 白色 | $ZnSiO_3$ | 白色 |

# 附录 9　常见阳离子的鉴定

| 序号 | 离子 | 鉴定方法 | 备注 |
|---|---|---|---|
| 1 | $NH_4^+$ | ①取少许试液于试管中，加入 2.0 mol·L$^{-1}$ NaOH 溶液或 KOH 溶液使试液呈碱性，并将滴加奈斯勒试剂的滤纸条置于试管口，微热，若滤纸条有红棕色斑点出现，说明有 $NH_4^+$ 存在<br>②取少许试液于试管中，加入 2.0 mol·L$^{-1}$ NaOH 溶液或 KOH 溶液使试液呈碱性，并将润湿的红色石蕊试纸置于试管口，若试纸显蓝色，说明有 $NH_4^+$ 存在 | |
| 2 | $K^+$ | 取少许试液于试管中，加入适量 0.5 mol·L$^{-1}$ Na$_2$CO$_3$ 溶液，加热片刻后离心分离，所得上清液中加入 6.0 mol·L$^{-1}$ 乙酸溶液，加入适量 Na$_3$[Co(NO$_2$)$_6$] 溶液，沸水浴加热 2 min，若观察到试管中有黄色沉淀，说明有 $K^+$ 存在 | 由于强酸与强碱体系影响鉴定，鉴定时须将溶液调至中性或微酸性 |
| 3 | $Na^+$ | 取少许试液于试管中，加适量 6.0 mol·L$^{-1}$ 氨水至碱性，再用 6.0 mol·L$^{-1}$ 乙酸溶液酸化，最后加 EDTA 饱和溶液和乙酸铀酰锌溶液，充分振荡，放置一段时间，若观察到试管中有淡黄色晶状沉淀，说明有 $Na^+$ 存在 | 由于碱性溶液体系影响鉴定，鉴定时须将溶液调至中性或微酸性 |
| 4 | $Mg^{2+}$ | 在点滴板上滴加 2 滴试液和 2 滴 EDTA 饱和溶液，混匀，加 1 滴镁试剂 I 和 1 滴 6.0 mol·L$^{-1}$NaOH 溶液，若产生蓝色沉淀，说明有 $Mg^{2+}$ 存在 | 碱性介质 |
| 5 | $Ca^{2+}$ | 取少许试液于试管中，加入一定量 CHCl$_3$ 和少许 0.2% 乙二醛双缩(2-羟基苯胺)，加入少量 6.0 mol·L$^{-1}$NaOH 溶液和 0.5 mol·L$^{-1}$Na$_2$CO$_3$ 溶液，振荡，若 CHCl$_3$ 层出现红色，说明有 $Ca^{2+}$ 存在 | pH = 12~12.5 |
| 6 | $Sr^{2+}$ | 取少许试液于试管中，加入少量 0.5 mol·L$^{-1}$ Na$_2$CO$_3$ 溶液，水浴加热后离心分离。在所得沉淀中加一定量 6.0 mol·L$^{-1}$ HCl 溶液使其溶解，然后用清洁的铂丝或镍铬丝蘸取溶解后溶液置于煤气灯的氧化焰中灼烧，如有猩红色火焰产生，说明有 $Sr^{2+}$ 存在 | 焰色反应前，须将铂丝或镍铬丝蘸取浓盐酸在煤气灯氧化焰中灼烧数次，直至火焰无色 |
| 7 | $Ba^{2+}$ | 取少许试液于试管中，加一定量浓氨水使试液呈碱性，再加入少许锌粉，沸水浴加热 2 min，并不时振荡，离心分离；上清液用乙酸酸化，加少量 K$_2$CrO$_4$ 溶液，沸水浴加热，并不时振荡，若产生黄色沉淀，说明有 $Ba^{2+}$ 存在 | 鉴定反应须在弱酸环境进行 |
| 8 | $Al^{3+}$ | 取少许试液于试管中，加适量 6.0 mol·L$^{-1}$ NaOH 溶液和 3%H$_2$O$_2$，加热 2 min 后离心分离；上清液用 6.0 mol·L$^{-1}$ 乙酸溶液酸化后加少许铝试剂，振荡，静置后加 6.0 mol·L$^{-1}$ 氨水碱化，水浴加热，若有橙红色(有 $CrO_4^{2-}$ 存在)物质出现，离心分离并用去离子水洗沉淀，如沉淀为红色，说明有 $Al^{3+}$ 存在 | pH = 6~7 |

(续)

| 序号 | 离子 | 鉴定方法 | 备注 |
|---|---|---|---|
| 9 | $Sn^{2+}$ | ①取少许试液于试管中，加少量 $6.0\ mol \cdot L^{-1}$ HCl 溶液和少许铁粉，水浴加热至无气泡产生。转移少量上清液于另一支试管，加 $HgCl_2$，若形成白色沉淀，说明有 $Sn^{2+}$ 存在<br>②取少许试液于试管中，加少量浓盐酸和 1 滴 0.01% 甲基橙，加热，若褪色，说明有 $Sn^{2+}$ 存在 | |
| 10 | $Pb^{2+}$ | 取少量试液于试管中，加少量 $6.0\ mol \cdot L^{-1}$ $H_2SO_4$ 溶液，加热 3 min，并不时振荡使 $Pb^{2+}$ 完全沉淀，离心分离；沉淀中加入过量 $6.0\ mol \cdot L^{-1}$ NaOH 溶液并加热 1 min，离心分离；上清液中加 $6.0\ mol \cdot L^{-1}$ 乙酸溶液和少许 $K_2CrO_4$ 溶液，若出现黄色沉淀，说明有 $Pb^{2+}$ 存在 | $Pb^{2+}$ 与 $K_2CrO_4$ 在稀乙酸溶液中反应生成难溶的 $PbCrO_4$ 黄色沉淀 |
| 11 | $Bi^{3+}$ | 取少许试液于试管中，加入适量浓氨水，离心分离；去离子水洗涤沉淀，沉淀中加入少量新配制的 $Na_2[Sn(OH)_4]$ 溶液，若沉淀变黑，说明有 $Bi^{3+}$ 存在 | |
| 12 | $Sb^{3+}$ | 取适量试液于试管中，$6.0\ mol \cdot L^{-1}$ 氨水碱化，加少量 $0.5\ mol \cdot L^{-1}$ $(NH_4)_2S$ 溶液，充分振荡并水浴加热 5 min，离心分离；上清液中加 $6.0\ mol \cdot L^{-1}$ HCl 溶液酸化至微酸性，加热 5 min，离心分离；沉淀中加适量浓盐酸并加热使沉淀溶解；将此溶液滴在锡箔纸上，锡箔纸上若出现黑斑，用去离子水洗去酸，再用新配制的 NaBrO 溶液处理黑斑，黑斑不消失，说明有 $Sb^{3+}$ 存在 | 一定要将黑斑上的 HCl 洗净，因为酸性条件下，NaBrO 能溶解锡箔纸上 Sb 的黑色斑点 |
| 13 | $As^{3+}$<br>$As^{5+}$ | 取少许试液于试管中，$6.0\ mol \cdot L^{-1}$ NaOH 溶液碱化，加入少量锌粒后立刻将适量脱脂棉塞在试管上部，并将 5% $AgNO_3$ 溶液浸过的滤纸放置在试管口，水浴加热，若滤纸渐渐变黑，说明有 $AsO_3^{3-}$ 存在 | 砷常以 $AsO_3^{3-}$、$AsO_4^{3-}$ 形式存在<br>$AsO_4^{3-}$ 应先用亚硫酸还原 |
| 14 | $Ti^{4+}$ | 取少许试液于试管中，加一定量浓氨水和适量的 $1.0\ mol \cdot L^{-1}$ $NH_4Cl$ 溶液，振荡后离心分离；沉淀中加少量的浓盐酸和浓磷酸，沉淀溶解后加一定量的 3% $H_2O_2$ 溶液，振荡后若溶液变成橙色，说明有 $Ti^{4+}$ 存在 | |
| 15 | $Cr^{3+}$ | 取少许试液于试管中，加 $2.0\ mol \cdot L^{-1}$ NaOH 溶液，沉淀生成又溶解后，再多滴 2 滴；加 3% $H_2O_2$ 溶液，微热，溶液出现黄色，冷却，补加适量 3% $H_2O_2$ 溶液，加 1 mL 戊醇，缓慢滴加 $6.0\ mol \cdot L^{-1}$ $HNO_3$ 溶液(每滴 1 滴都须充分振荡)，若戊醇层出现蓝色，说明有 $Cr^{3+}$ 存在 | 最终溶液酸度控制在 pH = 2~3 |
| 16 | $Mn^{2+}$ | 取少许试液于试管中，加 $6.0\ mol \cdot L^{-1}$ $HNO_3$ 溶液酸化后，加入适量铋酸钠固体，充分振荡后静置，若溶液出现紫红色，说明有 $Mn^{2+}$ 存在 | 不能在 HCl 溶液中鉴定 $Mn^{2+}$ |
| 17 | $Fe^{2+}$ | 取 1 滴试液于点滴板上，加 $2.0\ mol \cdot L^{-1}$ HCl 溶液和 $0.1\ mol \cdot L^{-1}$ $K_3[Fe(CN)_6]$ 溶液各 1 滴，若有蓝色沉淀生成，说明有 $Fe^{2+}$ 存在 | |

140

（续）

| 序号 | 离子 | 鉴定方法 | 备注 |
|---|---|---|---|
| 18 | $Fe^{3+}$ | ①取 1 滴试液于点滴板上，加 2.0 mol·L$^{-1}$HCl 溶液和 0.1 mol·L$^{-1}$KSCN 溶液各 1 滴，若溶液出现红色，说明有 $Fe^{3+}$ 存在 ②取 1 滴试液于点滴板上，加 2.0 mol·L$^{-1}$HCl 溶液和 0.1 mol·L$^{-1}$ $K_4[Fe(CN)_6]$ 溶液各 1 滴，若立即出现蓝色沉淀，说明有 $Fe^{3+}$ 存在 | |
| 19 | $Co^{2+}$ | 取少许试液于试管中，加入适量丙酮，再加少量 KSCN 固体或 $NH_4SCN$ 固体，充分振荡，若溶液出现鲜艳的蓝色，说明有 $Co^{2+}$ 存在 | $Fe^{3+}$ 的干扰可用 NaF 掩蔽，大量 $Ni^{2+}$ 存在干扰鉴定 |
| 20 | $Ni^{2+}$ | 取少许试液于试管中，加入一定量 2.0 mol·L$^{-1}$ 氨水碱化，滴加 1%丁二酮肟溶液，若有鲜红色沉淀生成，说明有 $Ni^{2+}$ 存在 | 大量 $Fe^{3+}$、$Co^{2+}$、$Fe^{2+}$、$Cu^{2+}$ 存在会干扰 $Ni^{2+}$ 鉴定 |
| 21 | $Cu^{2+}$ | 取少许（1~2 滴）试液于点滴板上，加少量（2~4 滴）0.1 mol·L$^{-1}$ $K_4[Fe(CN)_6]$ 溶液，若有红棕色沉淀生成，说明有 $Cu^{2+}$ 存在 | $Fe^{3+}$ 的干扰可用 NaF 掩蔽或事先分离 |
| 22 | $Zn^{2+}$ | 取少许试液于试管中，加入少量 6.0 mol·L$^{-1}$ NaOH 溶液和适量 $CCl_4$，滴加少量二苯硫腙溶液，充分振荡，若水层出现粉红色，$CCl_4$ 层由绿色变棕色，说明有 $Zn^{2+}$ 存在 | |
| 23 | $Ag^+$ | 取少许试液于试管中，加适量 2.0 mol·L$^{-1}$HCl 溶液，微热，离心分离，热去离子水洗涤沉淀 1~2 次，沉淀加过量 6.0 mol·L$^{-1}$NH$_3$·H$_2$O 溶液，振荡，离心分离；取溶液于试管中，加 2.0 mol·L$^{-1}$ HNO$_3$ 溶液或 0.1 mol·L$^{-1}$KI 溶液，若产生白色沉淀或黄色沉淀，说明有 $Ag^+$ 存在 | |
| 24 | $Cd^{2+}$ | 取少许试液于试管中，加适量 2.0 mol·L$^{-1}$HCl 溶液和适量 0.1 mol·L$^{-1}$Na$_2$S 溶液，离心分离；溶液中加适量 30%NH$_4$Ac 溶液，使酸度降低，若有黄色沉淀析生成，说明有 $Cd^{2+}$ 存在 | 控制溶液酸度，避免其他离子干扰 |
| 25 | $Hg^{2+}$ $Hg_2^{2+}$ | ①取少许试液于试管中，加 0.1 mol·L$^{-1}$SnCl$_2$ 溶液数滴，若有白色沉淀生成且沉淀逐渐变为灰色或黑色，说明有 $Hg^{2+}$ 存在 ②取少许试液于试管中，加适量 4%KI 溶液和 2%CuSO$_4$ 溶液，然后加入少量 Na$_2$SO$_3$ 固体，充分振荡，若有橙红色沉淀，说明有 $Hg^{2+}$ 存在 ③取少许试液于试管中，加适量 2.0 mol·L$^{-1}$HCl 溶液，水浴加热 1 min 并不时振荡，趁热分离。沉淀用热 HCl 水（1 mL 水+0.05 mL 2.0 mol·L$^{-1}$HCl）洗 2~3 次，沉淀中加一定量浓 HNO$_3$ 及少量 2.0 mol·L$^{-1}$HCl 溶液，充分振荡并加热 1 min，离心分离；得到的溶液中加适量 4%KI 溶液、2%CuSO$_4$ 溶液及少量 Na$_2$SO$_3$ 固体，充分振荡，若有橙红色沉淀，说明有 $Hg_2^{2+}$ 存在 | |

## 附录 10　常见阴离子的鉴定

| 序号 | 离子 | 鉴定方法 | 备注 |
|---|---|---|---|
| 1 | $CO_3^{2-}$ | 取少许试液于试管中，加适量 3% $H_2O_2$ 溶液，水浴加热 3 min，确定无 $SO_3^{2-}$、$S^{2-}$ 后，向溶液中加入一定量 6.0 mol·$L^{-1}$ HCl 溶液，观察有无气泡的同时，加上吸有饱和 $Ba(OH)_2$ 溶液的带塞滴管(滴管口悬挂 1 滴)或者加上蘸有饱和 $Ba(OH)_2$ 溶液的带塞镍铬丝小圈，若发现悬滴液变浑浊或液膜变浑浊，说明有 $CO_3^{2-}$ 存在 | $SO_3^{2-}$、$S^{2-}$ 存在干扰鉴定 |
| 2 | $NO_3^-$ | 取少许试液于试管中，加适量 2.0 mol·$L^{-1}$ $H_2SO_4$ 溶液和 0.02 mol·$L^{-1}$ $Ag_2SO_4$ 溶液，离心分离；所得溶液中加少量尿素，微热后加入少量 $FeSO_4$ 固体，振荡溶解；沿试管壁慢慢加入一定量浓 $H_2SO_4$(试管斜持)，若 $H_2SO_4$ 层与水溶液层的界面处有"棕色环"出现，说明有 $NO_3^-$ 存在 | |
| 3 | $NO_2^-$ | ①取少许试液于试管中，加适量 0.02 mol·$L^{-1}$ $Ag_2SO_4$ 溶液，离心分离；所得溶液中加少量 $FeSO_4$ 固体，振荡溶解，加适量 2.0 mol·$L^{-1}$ HAc 溶液，若溶液出现棕色，说明有 $NO_2^-$ 存在<br>②取少许试液于试管中，加适量 0.02 mol·$L^{-1}$ $Ag_2SO_4$ 溶液，离心分离；所得溶液中加适量的 6.0 mol·$L^{-1}$ 乙酸溶液和少量 8% 硫脲溶液，充分振荡，补加 2.0 mol·$L^{-1}$ HCl 溶液后滴加 0.01 mol·$L^{-1}$ $FeCl_3$ 溶液，若溶液出现红色，说明有 $NO_2^-$ 存在 | |
| 4 | $PO_4^{3-}$ | 取少许试液于试管中，加入一定量浓 $HNO_3$，沸水浴 2 min，冷却后加入适量 $(NH_4)_2MoO_4$ 溶液，水浴加热至 40℃，若产生黄色沉淀，说明有 $PO_4^{3-}$ 存在 | |
| 5 | $S^{2-}$ | 取少许试液于试管中，加入一定量的 1% $Na_2[Fe(CN)_5NO]$ 溶液，若溶液呈紫色，说明有 $S^{2-}$ 存在 | |
| 6 | $SO_3^{2-}$ | 取少许试液于试管中，加入少量 $PbCO_3$ 固体直至反应完全(无黑色沉淀)，离心分离，取少量所得溶液，加饱和 $ZnSO_4$ 溶液，0.1 mol·$L^{-1}$ $K_4[Fe(CN)_6]$ 溶液及 1% $Na_2[Fe(CN)_5NO]$ 溶液，用 2.0 mol·$L^{-1}$ $NH_3 \cdot H_2O$ 调溶液至中性后再补加 1~2 滴，若有红色沉淀生成，说明有 $SO_3^{2-}$ 存在 | $S^{2-}$ 干扰鉴定 |
| 7 | $S_2O_3^{2-}$ | 取少许处理过的试液于试管中，加适量 0.1 mol·$L^{-1}$ $AgNO_3$ 溶液，若有白色沉淀出现，并变成黄色、棕色，最后成为黑色，说明有 $S_2O_3^{2-}$ 存在 | $S^{2-}$ 干扰鉴定，必须预先除去 |
| 8 | $SO_4^{2-}$ | 取少许试液于试管中，加 6.0 mol·$L^{-1}$ HCl 溶液至无气泡生成，再过 2 滴。加入少量 1.0 mol·$L^{-1}$ $BaCl_2$ 溶液，若有白色沉淀生成，说明有 $SO_4^{2-}$ 存在 | |

（续）

| 序号 | 离子 | 鉴定方法 | 备注 |
|---|---|---|---|
| 9 | Cl⁻ | 取少许试液于试管中，加 6.0 mol·L⁻¹ HNO₃ 溶液和 0.1 mol·L⁻¹ AgNO₃ 溶液，水浴加热 2 min，离心分离；所得沉淀用 2 mL 去离子水洗涤 2~3 次，再加入适量 12%（NH₄）₂CO₃ 溶液，水浴加热 1 min，离心分离；所得清液加 2.0 mol·L⁻¹ HNO₃ 溶液，若生成白色沉淀，说明有 Cl⁻ 存在 | |
| 10 | Br⁻ I⁻ | 取少许试液于试管中，加适量 2.0 mol·L⁻¹ H₂SO₄ 酸化溶液，加适量 CCl₄ 和 1 滴氯水，若 CCl₄ 层呈紫红色，说明有 I⁻ 存在；继续滴加氯水并振荡，若 CCl₄ 层紫红色褪去，出现棕黄色或黄色，说明有 Br⁻ 存在 | |

# 附录 11　实验中某些试剂的配制

| 实验中用某些试剂 | 配制方法 |
| --- | --- |
| 0.5% 淀粉溶液 | 淀粉溶液一般现配现用，将可溶性淀粉(即直链淀粉)5 g 加入少量水中，搅拌得到糊状物，然后倒入 1 L 沸水中，继续煮沸至溶液透明澄清，冷却 |
| 0.20 mol·L$^{-1}$(NH$_4$)$_2$S$_2$O$_8$ (过二硫酸铵) | 取 45.6 g 过二硫酸铵(NH$_4$)$_2$S$_2$O$_8$ 溶解于适量蒸馏水中，然后定容至 1 L |
| 0.10 mol·L$^{-1}$Na$_2$S$_2$O$_3$ (硫代硫酸钠) | 取 24.8 g Na$_2$S$_2$O$_3$·5H$_2$O 溶解于适量蒸馏水中，然后定容至 1 L |
| 0.10 mol·L$^{-1}$ Na$_2$SO$_3$ (亚硫酸钠) | 取 12.6 g Na$_2$SO$_3$ 溶解于适量蒸馏水中，加入浓 H$_2$SO$_4$ 1 mL，然后用蒸馏水定容至 1 L |
| 0.1%靛红指示剂 | 称取 0.1 g 靛红溶解于 100 mL 蒸馏水 |
| 0.1%甲基橙指示剂 | 称取 0.1 g 甲基橙溶解于 100 mL 蒸馏水中 |
| 1%酚酞指示剂 | 称取酚酞 1 g 溶解于 50 mL 乙醇中，加水至 100 mL |
| 0.1% 溴百里酚蓝 (溴麝香草酚蓝) | 称取 0.1 g 溴百里酚蓝溶解于 100 mL 60% 乙醇中 |
| 奈斯勒试剂 | 将 11.5 g HgI$_2$ 和 8 g KI 溶解于蒸馏水中并稀释至 50 mL，然后加入 50 mL 6 mol·L$^{-1}$NaOH，静止后取清液贮存于棕色瓶中 |
| 5%钼酸铵试剂 | 称取 5 g(NH$_4$)$_2$Mo$_4$，加 5 mL 浓 HNO$_3$，加水稀释至 100 mL |
| 氯水 | 往水中通入氯气直至饱和 |
| 溴水 | 往水中滴加液溴至饱和 |
| 0.01 mol·L$^{-1}$ I$_2$(碘水) | 将 2.5 g I$_2$ 和 13 g KI 溶解于尽可能少的水中，加水稀释至 1 L |
| 0.30 mol·L$^{-1}$ Bi(NO$_3$)$_3$ | 称取 161.7 g Bi(NO$_3$)$_3$·5H$_2$O，溶解于 200 mL 1.5 mol·L$^{-1}$ HNO$_3$ 中，用蒸馏水稀释至 1 L |
| 0.10 mol·L$^{-1}$ Hg(NO$_3$)$_2$ | 32.5 g Hg(NO$_3$)$_2$ 溶解于 1 L 0.6 mol·L$^{-1}$ HNO$_3$ 中 |
| 0.10 mol·L$^{-1}$ K$_3$Fe(CN)$_6$ | 称取 33.1 g K$_3$Fe(CN)$_6$ 溶解于适量蒸馏水中，然后定容至 1 L |
| α-萘酚试剂 | 取 10 g α-萘酚溶于 95%乙醇内，再用 95%乙醇稀释至 100 mL，贮于棕色瓶中，用前才配制 |
| 0.10 mol·L$^{-1}$ Na$_2$S | 称取 24 g Na$_2$S·9H$_2$O 和 2 g NaOH 溶于蒸馏水中，然后定容至 1 L，避光保存 |
| 0.25%邻菲罗啉 | 称取 0.25 g 邻菲罗啉溶于适量蒸馏水中，加几滴 6 mol·L$^{-1}$ H$_2$SO$_4$，然后用水定容至 100 mL |
| 1 mol·L$^{-1}$NaOH | 称取 40 g NaOH 用水溶解并定容至 1 L |

# 附录 12　危险化学品的使用知识

危险化学品是指具有毒害、腐蚀、爆炸、燃烧、助燃等性质，对人体、设施、环境具有危害的剧毒化学品和其他化学品。在中华人民共和国境内生产、经营、贮存、运输、使用危险化学品和处置废弃危险化学品，必须遵守《危险化学品安全管理条例》和国家有关安全生产的法律、其他行政法规的规定。

在大学化学实验室中，危险化学品主要是指用于教学实验的易爆品、易炸品、易燃液体、易燃固体、自燃物品和遇湿易燃物品、氧化剂和有机过氧化物、有毒品和腐蚀品等。这些危险化学品在使用过程中要格外注意，听从教师的指导，严格遵守使用方法。

在具体使用过程中注意：

(1)实验过程中如果需要使用危险化学品，需在使用前查看安全标签和安全技术说明书，或是通过其他途径熟悉所用化学品性能、操作注意事项、应急处理方法等，听从教师的指导，按照要求严格操作。

(2)使用强腐蚀性药品时(如强酸、强碱)，需要小心操作，必要时戴抗腐蚀性橡胶手套，避免接触衣服和皮肤，如果在操作过程中将药品洒出，应该及时处理，避免造成危害。如果不小心溅洒在皮肤上，先用干布擦去，再用大量清水冲洗，以防止灼伤面积进一步扩大，可适当采用相应弱酸或弱碱中和，然后立即去医院治疗。

(3)使用有机溶剂(如乙醇、乙醚、丙酮等)时，要注意远离明火，防止燃烧，试剂使用后要盖好放置在规定处，注意防止蒸气大量外逸或回流(蒸馏)时爆沸，禁止用明火加热装有易燃有机溶剂的烧瓶。

(4)实验操作过程中，如果产生有刺激性的、有毒的、恶臭的或腐蚀的气体，该实验需要在通风橱条件下进行。必要时对反应所产生气体进行安全处理。

(5)使用有毒试剂(如氯化汞、氰化物和砷酸等)时，严防进入口内或接触伤口，使用剩余药品或废液不得倒入下水道，应倒入指定回收瓶中集中处理。氰化物不能碰到酸(氰化物与酸作用放出氢氰酸，使人中毒)。

(6)使用对空气和水敏感的物质时(如金属钠、金属钾、氢化铝锂等)，应注意防止与水接触，最好在指导教师在场条件下操作。使用后及时按照相应保存方法放置各类化学品，妥善保存。

(7)互相接触后容易爆炸的物质应严格分开存放。另外，对易爆炸的物质还应避免加热和撞击。使用爆炸性物质时，尽量控制在最少用量。

(8)严禁将任何药品带出实验室，严禁私自处理废弃的危险化学品。